新编模拟集成电路原理与应用

曹新亮　编著

WUHAN UNIVERSITY PRESS
武汉大学出版社

图书在版编目(CIP)数据

新编模拟集成电路原理与应用/曹新亮编著. —武汉:武汉大学出版社,2015.9
ISBN 978-7-307-16862-6

Ⅰ.新… Ⅱ.曹… Ⅲ.模拟集成电路—电路设计—高等学校—教材 Ⅳ.TN431.102

中国版本图书馆 CIP 数据核字(2015)第 222750 号

责任编辑:蔡 巍 责任校对:王小倩 装帧设计:张希玉

出版发行:**武汉大学出版社** (430072 武昌 珞珈山)
　　　　(电子邮件:whu_publish@163.com 网址:www.stmpress.cn)
印刷:广东虎彩云印刷有限公司
开本:787×1092 1/16 印张:12.25 字数:304 千字
版次:2015 年 9 月第 1 版 2015 年 9 月第 1 次印刷
ISBN 978-7-307-16862-6 定价:39.00 元

前　言

模拟电路和数字电路是电子技术的基石。随着集成电路技术的发展,模拟集成电路产品日新月异,为电子系统模块化设计提供了便利,促使电子产品日趋小型化。但是,在教学过程中发现,学生对数字集成电路的理解与应用相对容易掌握,而对模拟集成电路的理解与应用就相对困难一些,特别是对电流模集成电路缺乏深入的理解,直接影响到模拟集成电路的正确应用。

本书是为了适应电子信息工程、通信工程、自动化、机械电子工程等专业本科学生模拟集成电路原理与应用教学的需要而编写的。全书分为六个部分,共 12 章:第一部分包括第 1 章模拟集成电路基础和第 2 章集成电路的偏置电路,讲述双极型和 MOS 集成器件、电路的电流偏置和基准电压偏置;第二部分包括第 3 章集成放大电路和第 5 章集成跨导运算放大器,讲述可等效为不同受控源的多种集成放大电路;第三部分包括第 4 章集成模拟乘法器、第 6 章电流模电路、第 7 章集成有源滤波器和第 9 章集成信号发生器,讲述由集成放大电路组成的模拟实用电路,以及电流模集成电路的相关理论和基本电流模电路的结构与应用;第四部分为第 10章集成稳压电源,简要介绍了三端线性稳压器和开关电源;第五部分包括第 8 章集成开关电路和第 11 章数模、模数转换器,讲述混合集成电路基础;第六部分为第 12 章集成电路设计与仿真软件——Hspice 仿真环境简介,介绍 Hspice 集成电路设计与仿真软件。本书内容可根据学时安排和要求进行取舍或作为自学章节。本书原理简明、应用实例具有代表性,适用于非电子类弱电专业学生,建议 36～48 学时。

本书在编写过程中,吸收了编者在模拟集成电路设计方面的部分成果,并参考了众多的网络课件和相关教材的内容。

本书获得延安大学学术专著与教材出版项目(2014CB-15)经费、陕西高等教育教学改革研究项目(13BY53)经费及延安大学回校博士科研启动基金项目(YDK2011-07)经费的资助。

在此,对这些从事模拟集成电路设计与教学工作的同仁和经费支持单位表示诚挚的感谢!

由于模拟集成电路技术发展迅速,新型电路结构不断涌现,加之编者学识有限,选材内容和叙述介绍定有欠妥之处,甚至出现错误,恳请广大读者批评指正。

编著者

2015 年 6 月

目　录

1 模拟集成电路基础

自从 1958 年美国的得克萨斯仪器公司(TI)发明了世界上第一块集成电路块后,模拟集成电路伴随着半导体集成电路工艺的发展及各种模拟电路应用的普及得到迅速发展。目前,模拟集成电路种类繁多,根据面向应用的领域可分为通用模拟集成电路和专用模拟集成电路;按照被处理的信号频率可分为低频模拟集成电路和高频模拟集成电路,如果电路处理的信号频率属于射频(radio frequency,RF)范围,这类高频模拟集成电路又称为 RF 模拟集成电路。本章内容只限于低频通用模拟集成电路基础知识的讲述。

1.1 模拟集成电路中元件的特殊性

采用集成电路标准工艺制造出来的元器件,与分立器件相比有它的一些特点。可归纳如下:

① 元器件的绝对精度不高,受温度影响大,但在同一硅片上用相同的工艺制造出来的元器件性能比较一致,或者说元件的对称性较好。与电路中的同类元器件都置于同一温度环境中,此类元器件的温度对称性较好。

② 集成阻容元件之值不宜过大,太大或太小工艺上不易制造。一般电阻在几十欧到几十千欧;电容一般小于 100 pF。

③ 大电感不易制造,一般尽量避免使用大电感。非用不可的情况下,也只限于微亨以下。大电感的使用通常留有外接引脚。

④ 纵向 NPN 管的 β 值较大,而横向 PNP 管的 β 值很小,但其 PN 结耐压高。

在各种集成元器件中,纵向 NPN 管占用面积小,性能好,而电阻、电容占用面积大,且范围窄,因此在集成电路的设计中,除考虑上述特点以外,还尽量用 NPN 管而少用电阻、电容。这样,集成电路构成的电路与分立元器件构成的电路相比,就有相当大的差别。

1.2 集成晶体管基础

1.2.1 集成晶体管的工艺结构

1.集成双极型晶体管的工艺结构

在有些模拟集成电路中,要求采用互补双极型晶体管。因此,有必要在标准的 NPN 管制造工艺条件下,在同一块基片上同时制作 PNP 管。这样的 PNP 管有水平 PNP 管和衬底 PNP 管两种,结构如图 1-1 所示。衬底 PNP 管是从隔离槽 P^+ 上引出集电极,这是一种纵向管,即载流子沿纵向运动。由于基区宽度可准确控制使其非常薄,因此 β 值较大。但是由于隔离槽只能接在电路中电位最负端,因此它的应用局限性很大。横向 PNP 管中空穴沿水平方向由发射区经基区流向集电极。由于制造工艺的限制,基区宽度不可能很小,故其 β 值很低(典型值

1

为1~5），但它的发射结和集电结都有较高的反向击穿电压。在集成电路的设计中，往往把横向 PNP 管和纵向 PNP 管巧妙地接成复合组态，形成性能优良的各种放大电路。

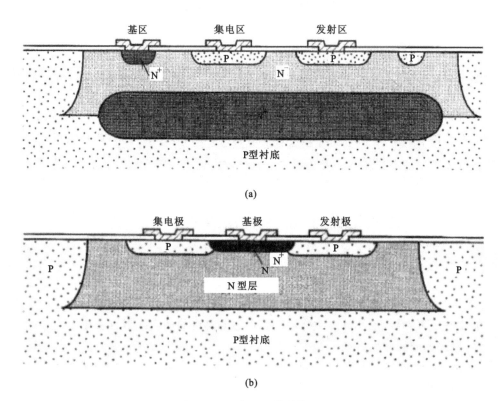

(a)

(b)

图 1-1　两种 PNP 管结构图

（a）水平 PNP 管；（b）衬底 PNP 管

　　集成电路的设计与制造允许对晶体管发射极与集电极进行特殊处理，可以很方便地制成多发射极管或多集电极管。

　　多发射极管的结构图和符号如图 1-2 所示，这种管子在数字电路中有着广泛的应用。

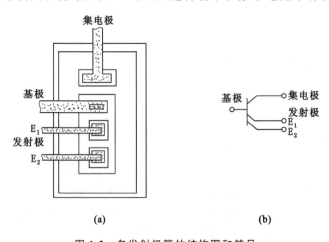

(a)　　　　　　　　　　　(b)

图 1-2　多发射极管的结构图和符号

（a）顶视结构图；（b）符号

具有两个集电极的横向 PNP 管的结构图和符号如图 1-3 所示,多集电极管的各个集电极电流之比取决于对应的集电结面积之比。

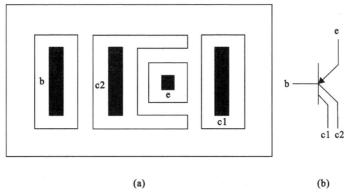

(a)   (b)

图 1-3　具有两个集电极的横向 PNP 管的结构图和符号

(a) 顶视结构图;(b) 符号

2. 集成 MOS 管的工艺结构

绝缘栅场效应管又叫作 MOS 场效应管(即金属-氧化物-半导体场效应管)。如图 1-4(a) 所示,在一块掺杂浓度较低的 P 型硅衬底上,用光刻、扩散工艺制作两个高掺杂浓度的 N^+ 区,并用金属铝引出两个电极,分别作漏极 d 和源极 s。然后在半导体表面覆盖一层很薄的二氧化硅(SiO_2)绝缘层,在漏极、源极间的绝缘层上再装上一个铝电极,作为栅极 g。另外在衬底上也引出一个电极 B,这就构成了一个 N 沟道增强型 MOS 管。改变各区域掺杂杂质类型则可构成一个 P 沟道增强型 MOS 管,如图 1-4(b) 所示。显然它们的栅极与其他电极间是绝缘的。图 1-4(c) 所示为 NMOS 管的代表符号,代表符号中的箭头方向表示由 P(衬底)指向 N(沟道)。P 沟道增强型 MOS 管的箭头方向与上述相反,如图 1-4(d) 所示。

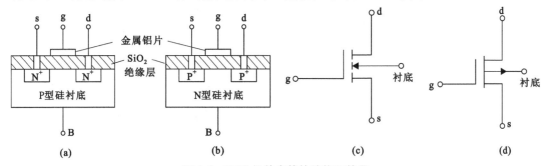

(a)   (b)   (c)   (d)

图 1-4　MOS 场效应管的结构和符号

(a) NMOS 场效应管的结构;(b) PMOS 场效应管的结构;

(c) NMOS 管的代表符号;(d) PMOS 管的代表符号

因为栅极与其他电极隔离,所以栅极是利用感应电荷的多少来改变导电沟道去控制漏源电流的。MOS 管的导电沟道由半导体表面的场效应形成。给 PMOS 栅极加有负电压,而 N 型硅衬底加有正电压。由于铝栅极和 N 型硅衬底间电场的作用,使绝缘层下面的 N 型硅衬底表面的电子被排斥,而带正电的空穴被吸引到表面上来。于是在 N 型硅衬底的表面薄层形成空穴型号的 P 型层(称为反型层),它把漏源两极的 P^+ 区连接起来,构成漏源间的导电沟道。沟道的宽窄由电场强弱控制。MOS 管的栅极与源极绝缘,基本不存在栅极电流,输入电阻非常高。

1.2.2 集成晶体管的小信号模型

1. 双极晶体管的小信号模型

对于工作在正常范围内的双极晶体管的简单小信号模型,集电极电流与 BE 结电压呈指数关系:

$$I_C = I_S \exp \frac{V_{BE}}{V_{TH}} \tag{1-1}$$

跨导 g_m 定义为当 V_{CE} 为常数时 I_C 随 V_{BE} 的变化。从式(1-1)可得:

$$g_m = \frac{dI_C}{dV_{BE}} = \frac{I_C}{V_{TH}} \tag{1-2}$$

集电极电流的微分 $\Delta I_C = i_c$ 可以近似等于 g_m 倍的 BE 结电压微分 $\Delta V_{BE} = v_{be}$,用小写字母表示小变化。

$$i_c = g_m v_{be} \tag{1-3}$$

这里 i_c 和 v_{be} 分别为小信号的集电极电流和 BE 结电压。

其他一些小信号参数如图 1-5 所示:r_π 和 r_0 分别为晶体管输入、输出阻抗。

$$r_\pi = \frac{\partial V_{BE}}{\partial I_B} = \frac{\partial V_{BE}}{\partial I_C} = \frac{\partial I_C}{\partial I_B} \tag{1-4}$$

$$r_\pi = \frac{\beta}{g_m} \tag{1-5}$$

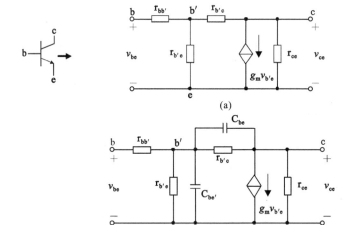

图 1-5 双极晶体管低频小信号模型

(a) 低频混合 π 型模型;(b) 高频混合 π 型模型

晶体管输出阻抗 r_0 描述了在 V_{BE} 为常数时 I_C 随 V_{CE} 的变化。从图 1-6 可以看出,当晶体管偏置在 $I_C = 0.1 \text{ mA}$ 且 $V_{CE} = 6 \text{ V}$ 时的状态时,若 V_{BE} 保持不变,I_C 随 V_{CE} 的变化可以由斜率为常数的 V_{BE} 曲线来描述。这些曲线最后相交于 V_{CE} 轴的同一点上,称为厄尔利电压——V_A。V_{BE} 的斜率常数为:

$$g_0 = \frac{I_C}{V_A + V_{CE}} \tag{1-6}$$

由于 V_A 通常略大于 V_{CE}：

$$r_0 = \frac{1}{g_0} \approx \frac{V_A}{I_C} \tag{1-7}$$

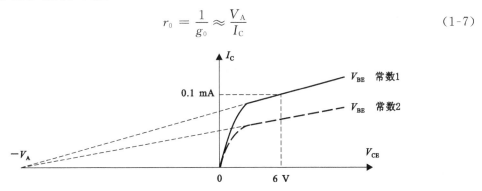

图 1-6　双极晶体管输出特性

增大晶体管上的电压 V_{CE} 可以导致晶体管电流 I_C 增大,其物理原因是基区宽度减小。由于 V_{CE} 增大,集-基 PN 结上的反向电压增大,集-基耗尽层延伸到基区,有效地减小了基区宽度。由于集电极电流随基区宽度增大而减小,故而集电极电流增大。

2. MOS 管的模型

(1) MOS 管的大信号模型

MOS 管的大信号(直流)特性可以用它的电流方程来描述。以 N 沟道增强型 MOS 管为例,特性曲线和电流曲线如图 1-7 所示。

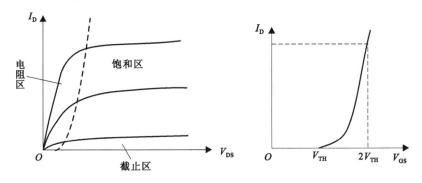

图 1-7　特性曲线和电流曲线

如果栅源偏置电压 V_{GS} 大于 MOS 管的阈值电压 V_{TH},则在 P 型硅衬底的表面由于静电感应会产生大量的电子,形成导电沟道。当漏区相对于源区加一正电压 V_{DS} 时,在器件内部的沟道中就会产生电流 I_D。

MOS 管的工作状态可分为三个区,即电阻区(线性区)、饱和区和截止区。

① 截止区：$V_{GS} < V_{TH}$。此时不能产生导电沟道,漏极电流 $I_D = 0$。

② 电阻区：$V_{GS} > V_{TH}$ 且 $V_{DS} < V_{GS} - V_{TH}$。

$$I_D = \frac{K'W}{2L}\left[2(V_{GS} - V_{TH})V_{DS} - V_{DS}^2\right] \tag{1-8}$$

其中,W 是沟道宽度,L 是沟道长度,V_{TH} 是阈值电压,$K' = \mu C_0$ 称为跨导参数,μ 是载流子的沟道迁移率,C_0 是单位电容的栅电容。

③ 饱和区：$V_{GS} > V_{TH}$ 且 $V_{DS} > V_{GS} - V_{TH}$。临界饱和条件为 $V_{DS} = V_{GS} - V_{TH}$，临界饱和时的漏极电流为：

$$I_D = \frac{K'W}{2L}(V_{GS} - V_{TH})^2 \qquad (1-9)$$

在饱和区，V_{DS} 增大时，I_D 几乎不变，所以式(1-9)也是饱和区漏极电流的一般公式。

当考虑到沟道长度调变效应之后，饱和区的 MOS 管漏极电流为：

$$I_D = \frac{K'W}{2L}(V_{GS} - V_{TH})^2(1 + |\lambda V_{DS}|) \qquad (1-10)$$

其中，λ 为沟道长度调制系数，对于长度为 L 的 MOS 管，其大信号特性可近似认为 λ 是常数，且只取决于生产工艺，而与 I_D 无关。

（2）MOS 管的小信号模型

输入信号的幅度与电源电压相比较一般很小，它在直流偏置工作点附近变化时，可以近似认为器件工作在线性区间。大信号特性可以确定器件的直流工作点，小信号特性可以用来设计器件和电路的性能。

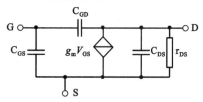

图 1-8　MOS 管的小信号模型

MOS 管的小信号模型可以直接由直流模型得出。在大多数应用中，MOS 管被偏置在饱和区工作，考虑到栅源、栅漏及漏源之间的寄生电容，MOS 管的饱和区小信号模型如图 1-8 所示。

$$g_m = \frac{\partial I_D}{\partial V_{GS}} \qquad (1-11)$$

其中，g_m 为跨导，表征输入电压对输出电流的控制能力。

对于在饱和区工作的模型参数，应用式(1-9)和式(1-11)得：

$$g_m = \sqrt{\frac{2K'W}{L}|I_D|} \qquad (1-12)$$

其中，I_D 是漏极的直流电流。

当电路在低频工作时，可以不考虑这些寄生电容的影响，此时的小信号等效电路如图 1-9 所示。

为了描述 MOS 器件的模型，先需明确 MOS 管的一些非理想因素概念。

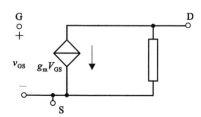

图 1-9　不考虑电容等影响的小信号等效电路

① 沟道长度调制。

工作在饱和状态（恒流区）的小尺寸器件显示漏电流随漏源电压增大而增大，这将导致沟道长度 L 减小。引入沟道长度调制系数 λ 进行描述。

当 $V_{GS} > V_{TH}$ 及 $V_{GS} < V_{TH}$ 时，漏电流在线性区的方程为：

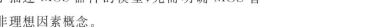

$$I_{DS} = K_P \frac{W}{L - 2LD}\left(V_{GS} - V_{TH} - \frac{V_{DS}}{2}\right)V_{DS}(1 + \lambda V_{DS}) \qquad (1-13)$$

其中，L 是沟道长度，LD 是侧扩散深度，$K_P = \mu_n C_{0x}$ 为跨导系数，μ_n 为电子迁移率，C_{0x} 为单位面积上栅到沟道的电容，V_{TH} 是阈值电压。漏和源的侧扩散使沟道长度减小了 $2LD$。

在饱和（恒流区）时，漏电流为：

$$I_{DS} = \frac{K_P}{2} \frac{W}{L - 2LD}(V_{GS} - V_{TH})^2(1 + \lambda V_{DS}) \tag{1-14}$$

其中,λ 近似等于随漏源电压以线性函数变化的增量。

② 势垒降低。

势垒是一个用来描述阈值电压随晶体管减小而减小的现象。当晶体管长度减小时,源处的耗尽区所占沟道的相对长度变大,这就增加了表面势能,从而沟道更易于吸引电子,就电子而言,势垒降低,有效地减小了阈值电压。

③ 速度饱和。

外电场作用加速载流子运动,加速的载流子与晶格的碰撞减小了它们的运动速度。小尺寸器件速度饱和可模型化为与漏源电压成反比的迁移率:

$$\mu = \frac{\mu_0}{1 + \dfrac{V_{DS}}{V_{SAT}}} \tag{1-15}$$

其中,μ_0 是低电压迁移率,V_{SAT} 是迁移率降低 50% 时的漏源电压。

④ 热载流子效应。

尽管速度饱和机制限制了载流子漂移速度只能接近于热速度。在小尺寸器件中处于强场部分载流子的能量较平均热能大,称这部分载流子为"热载流子"。热载流子激发产生漏-衬底电流、栅电流和阈值电压的改变,使得器件随时间的流逝而退化。

⑤ 迁移率起伏。

在 MOS 管中,陷于表面状态的电荷和陷于氧化层中的电荷存在一个附加的库仑扩散,且粗糙的表面也会扩散载流子,当栅电压增大时,载流子电子被吸引到表面附近,而表面粗糙度对迁移率有较大的影响。迁移率随栅电压增大而减小。影响标准电场的漏电压也会将电子拉到表面,漏电压增大,则标准电场减小,将电子拉离表面并增大迁移率。

对于工作在饱和状态下的 MOS 管简单小信号模型如图 1-8 所示。忽略高阶项,该模型由四个参数特征表示:g_m、g_{mb}、r_0 和 C_{GS}。饱和区内 I_D 关于 V_{DS} 的方程:

$$I_D = \frac{W}{L} \frac{K_P}{2}(V_{GS} - V_{TH})^2(1 + \lambda V_{DS}) \tag{1-16}$$

其中,λ 为沟道调制效应系数。跨导 g_m 可以由式(1-16)得到:

$$g_m = \frac{dI_D}{dV_{GS}} = \frac{W}{L} K_P(V_{GS} - V_{TH}) = \sqrt{\frac{W}{L} 2 I_D K_P} \tag{1-17}$$

其中,W 和 L 为晶体管的宽和长,V_{TH} 为阈值电压。

输出电导为:

$$g_0 = \frac{1}{r_0} = \frac{\partial I_D}{\partial V_{DS}} = \frac{W}{L} \frac{K_P}{2}(V_{GS} - V_{TH})^2 \lambda \approx \lambda I_D \tag{1-18}$$

$$r_0 = \frac{1}{\lambda I_D} \tag{1-19}$$

如图 1-10 所示,模型中存在一个附加的电流源,它可以解释体电压对漏电流的影响。衬底又称"背栅",对于这里考虑到的 MOS 管来说,当衬底到源极的电压增大时,就阈值电压减小的情况而言,阈值电压对于体到源电压的依赖称为"体效应"。阈值电压:

$$V_{TH} = V_{T0} + \gamma \left(\sqrt{2\Phi_f - V_{BS}} - \sqrt{2\Phi_f} \right) \tag{1-20}$$

其中,V_{T0}是零偏置时的阈值电压。

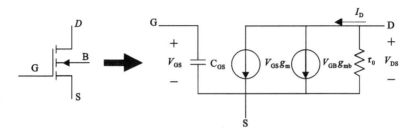

图 1-10　MOS 晶体管及考虑非理想因素小信号模型

体跨导 g_{mb}描述了漏电流随体电压变化的变化。

$$\frac{\partial I_D}{\partial V_{BS}} = \frac{\partial I_D}{V_{TH}} \partial V_{TH} \partial V_{BS} \tag{1-21}$$

$$\frac{I_D}{\partial V_{TH}} = - g_m \tag{1-22}$$

$$g_{mb} = \frac{g_m \gamma / 2}{\sqrt{2\Phi_f V_{BS}}} \tag{1-23}$$

如果衬底相对于源极电压维持在一个恒电压下,由于衬底到源极的电压变化及 g_{mb}可以认为是零,因而漏电流也没有变化。

思考题与习题

1.1　简述 MOS 器件的物理结构、工作原理,并作其小信号等效电路。

1.2　随着工艺水平的提高,可以实现越来越小的 MOS 器件沟道长度 L。对于模拟电路而言,是否沟道的长度越小其性能越好? 为什么? 试举例说明。

1.3　沟道长度调制效应及衬底调制效应对电路有什么影响? 在电路设计中应如何考虑?

1.4　什么叫作短沟效应?

2　集成电路的偏置电路

2.1　偏置电路简介

由于偏置电路决定电路的工作情况,因此,掌握偏置电路是十分关键的。集成电路与分立元件电路的偏置有着很大的区别。

① 分立元件电路中的偏置电路,如常用的分压式电流负反馈电路,不适用于单片集成电路。主要原因如下:

a. 分立元件电路的偏置取决于各电阻元件的绝对值,而单片集成电路中,电阻元件的绝对误差大。

b. 单片集成电路中,电阻元件的取值范围受到限制,采用偏置取决于电阻元件绝对值的电路,将使偏置电流的取值范围受限制。

c. 分立元件电路中的偏置电路所需的大电容无法集成在单片集成电路中。

因此必须另行设计适用于集成电路的偏置电路。

② 用于单片集成电路中的偏置电路,充分利用了集成工艺的下述特点:

a. 可以大量采用有源元件。

b. 电路中器件的特性、电阻元件值的匹配和跟踪性能良好。

c. 热耦合紧密。

d. 可以控制器件的版图和尺寸,以满足偏置的某种需要。

这里将介绍集成电路的偏置电路的一些基本原理。

2.2　恒流源电路

恒流源可以为各种放大电路提供偏流以稳定其静态工作点,又可以作为其有源负载,以提高放大倍数。

根据镜像电流源(又称电流镜)的不同结构特点和作用,电流镜可分为以下几类,如图 2-1 所示。

2.2.1　简单的电流镜

图 2-2(b)所示是 MOS 管结构的简单电流镜电路。M_1 的漏-栅电压为零;因此,漏极沟道并没有形成,这样如果阈值电压为正,MOS 管就会工作在放大区或饱和区。虽然 MOS 管没有任何类似于二极管的特性,M_1 仍然被称为二极管连接。假设 M_2 同样工作在放大区,两个 MOS 管都有有限的输出电阻。那么就要受控于 V_{GS2},由 KVL 定律得出 $V_{GS2} = V_{GS1}$。忽略沟道长度调制效应,可以写出:

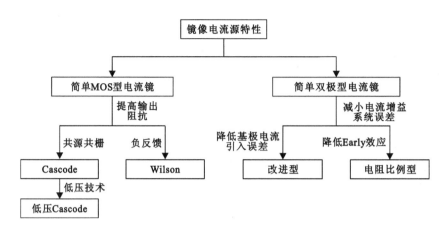

图 2-1　电流镜分类

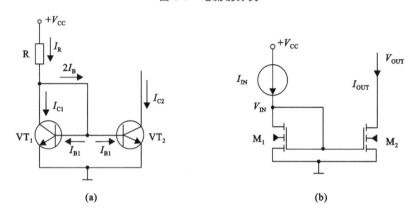

(a)   **(b)**

图 2-2　简单的电流镜

（a）简单双极型电流镜；（b）简单 MOS 型电流镜

$$I_{\mathrm{IN}} = \frac{1}{2}\mu_{\mathrm{n}}C_{0x}\frac{W_1}{L_1}(V_{\mathrm{GS}} - V_{\mathrm{TH}})^2 \qquad (2\text{-}1)$$

$$I_{\mathrm{OUT}} = \frac{1}{2}\mu_{\mathrm{n}}C_{0x}\frac{W_2}{L_2}(V_{\mathrm{GS}} - V_{\mathrm{TH}})^2 \qquad (2\text{-}2)$$

电流比例关系：

$$\alpha = \frac{I_{\mathrm{OUT}}}{I_{\mathrm{IN}}} = \frac{\dfrac{W_2}{L_2}}{\dfrac{W_1}{L_1}} \qquad (2\text{-}3)$$

该电路的一个关键特性是：它可以精确地复制电流而不受工艺和温度的影响。I_{OUT} 与 I_{IN} 的比值由器件尺寸的比率决定，该值可以控制在合理的精度范围内。电流镜中的所有晶体管通常都采用相同的栅长，以减小由于源漏区边缘扩散（LD）所产生的误差。

考虑沟道长度调制效应，可以得出：

$$I_{\mathrm{OUT}} = \frac{1}{2}\frac{W_2}{L_2}(V_{\mathrm{IN}} - V_{\mathrm{TH}})^2(1 + \lambda V_{\mathrm{OUT}}) \qquad (2\text{-}4)$$

输出电流会随着输出电压的变化而变化。

$$R_{\mathrm{O}} = \left(\frac{\partial I_{\mathrm{OUT}}}{\partial V_{\mathrm{OUT}}}\right)^{-1} = \frac{1}{\lambda V_{\mathrm{OUT}}} = r_{o2} \qquad (2\text{-}5)$$

其电流增益系统误差：

$$I_{\text{OUT-total}} = \frac{\dfrac{W_2}{L_2}}{\dfrac{W_1}{L_1}} I_{\text{IN}} = \alpha I_{\text{IN}} \qquad (2-6)$$

$$\frac{I_{\text{OUT}}}{I_{\text{IN}}} = \frac{\dfrac{1}{2} k_{\text{n}} \dfrac{W_2}{L_2} (V_{\text{IN}} - V_{\text{TH}})^2 (1 + \lambda V_{\text{OUT}})}{\dfrac{1}{2} k_{\text{n}} \dfrac{W_1}{L_1} (V_{\text{IN}} - V_{\text{TH}})^2 (1 + \lambda V_{\text{IN}})} = \frac{\dfrac{W_2}{L_2}}{\dfrac{W_1}{L_1}} \frac{1 + \lambda V_{\text{OUT}}}{1 + \lambda V_{\text{IN}}} \qquad (2-7)$$

镜像电流误差：

$$\varepsilon = \frac{I_{\text{OUT}}}{I_{\text{OUT-ideal}}} - 1 = \frac{\alpha I_{\text{IN}} \dfrac{1 + \lambda V_{\text{OUT}}}{1 + \lambda V_{\text{IN}}}}{\alpha I_{\text{IN}}} - 1 = \frac{\lambda (V_{\text{OUT}} - V_{\text{IN}})}{(1 + \lambda V_{\text{IN}})} \approx \lambda (V_{\text{OUT}} - V_{\text{IN}}) \qquad (2-8)$$

输入电压：

$$V_{\text{IN}} = V_{\text{GS1}} = V_{\text{TH}} + V_{\text{ov1}} = V_{\text{TH}} + \sqrt{\frac{2 I_{\text{IN}}}{k_{\text{n}} \dfrac{W_1}{L_1}}} \qquad (2-9)$$

最小输出电压：

$$V_{\text{OUT(min)}} = V_{\text{ov2}} = \sqrt{\frac{2 I_{\text{OUT}}}{k_{\text{n}} \dfrac{W_2}{L_2}}} \qquad (2-10)$$

2.2.2　具有镜像电流误差减小作用的电流镜

图 2-3(a) 所示为具有基极电流补偿的电流镜，该电路结构减小了图 2-2 (a) 中流过 R 的基极电流，从而减小了输出电流和参考电流之间的误差。在这个电路中，设 β 为 VT_1、VT_2 的电流放大倍数，β_3 为 VT_3 的电流放大倍数，则：

$$I_{\text{B3}} = \frac{I_{\text{B1}} + I_{\text{B2}}}{\beta_3} \qquad (2-11)$$

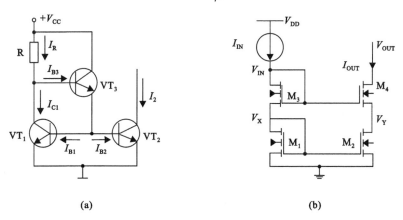

图 2-3　具有镜像电流误差减小作用的电流镜

（a）具有基极电流补偿的电流镜；(b) 共源共栅电流镜

输出电流：

$$I_2 = I_R - I_{B3} = I_R - \frac{I_{B1} + I_{B2}}{\beta_3} \approx I_R\left(1 - \frac{2}{\beta\beta_3}\right) \tag{2-12}$$

如图 2-3(b)所示,为了抑制 MOS 管沟道长度调制的影响,使用了共源共栅电流镜。若使 $V_Y = V_X$,那么 I_{OUT} 非常接近于 I_{IN}。共源共栅电流镜可以使底部晶体管免受 V_P 变化的影响。其电流增益系统误差:

$$\varepsilon \approx \lambda(V_{DS2} - V_{DS1}) \approx 0 \tag{2-13}$$

输入电压:

$$V_{IN} = V_{GS1} + V_{GS3} \approx 2V_i + 2V_{ov} \tag{2-14}$$

最小输出电压:

$$V_{OUT(min)} = V_{DS2} + V_{DS4} \approx V_{GS1} + V_{DS4} \approx V_i + 2V_{ov} \tag{2-15}$$

可见,共源共栅电流镜精度的提高是以 M_3 消耗的电压余度为代价的。

2.2.3 Wilson 电流镜

图 2-4 所示电路为威尔逊(Wilson)电流镜电路。与图 2-2 所示基本电流镜相比,Wilson 电流镜电路有基极电流补偿作用和增大输出阻抗的效果。

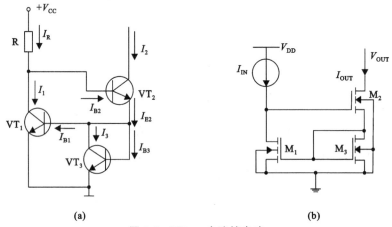

图 2-4 Wilson 电流镜电路

(a) 双极型 Wilson 电流镜电路;(b)MOS 管 Wilson 电流镜电路

在图 2-4(a)中,VT_1 和 VT_3 是匹配的,故有:

$$I_1 = I_3 \tag{2-16}$$

$$I_{E2} = I_3 + I_{B1} + I_{B3} = I_1 + I_{B1} + I_{B3} \tag{2-17}$$

参考电流:

$$I_R = I_1 + I_{B2} \tag{2-18}$$

输出电流:

$$I_2 = I_{E2} - I_{B2} \tag{2-19}$$

由式(2-16)~式(2-19)可得:

$$I_2 = I_1 + I_{B1} + I_{B3} - I_{B2} = I_R + I_{B1} + I_{B3} - 2I_{B2} \approx I_R \tag{2-20}$$

最后得到输出电流与参考电流相等的结果。

VT_3 接在 VT_2 的发射极电路中,产生电流负反馈,使 VT_3 集电极输出电阻增大。

如图 2-4(b)所示,MOS 管 Wilson 电流镜电路中 $M_1 \sim M_3$ 工艺参数相同,性能对称,且均工作于饱和区,不难推断出电流 $I_{\text{OUT}} \approx I_{\text{IN}}$。Wilson 电流镜电路 I_{OUT} 与 I_{IN} 间的误差远小于基本电流源电路,而且其动态输出电阻高,则:

$$r_{\text{o}} \approx (g_{\text{m}} r_{\text{ds1}}) r_{\text{ds2}} \tag{2-21}$$

2.2.4 低压 MOS 共源共栅电流镜

为了消除精度和余度之间的矛盾,对图 2-3(b)进行了改进,得到图 2-5。使 M₃ 饱和必须有 $V_{\text{b}} - V_{\text{TH3}} \leqslant V_{\text{X}} (= V_{\text{GS1}})$,使 M₁ 饱和必须有 $V_{\text{GS1}} - V_{\text{TH1}} \leqslant V_{\text{A}} (= V_{\text{b}} - V_{\text{GS3}})$。因此,$V_{\text{b}}$ 要满足:

$$V_{\text{GS3}} + (V_{\text{GS1}} - V_{\text{TH1}}) \leqslant V_{\text{b}} \leqslant V_{\text{GS1}} + V_{\text{TH3}} \tag{2-22}$$

如果 $V_{\text{b}} = V_{\text{GS3}} + (V_{\text{GS1}} - V_{\text{TH1}}) = V_{\text{GS4}} + (V_{\text{GS2}} - V_{\text{TH2}})$,当 M₁ 和 M₂ 保持相等的漏源电压时,共源共栅电流源 M₂ ~ M₄ 消耗的电压余度最小,而且可以精确地镜像 I_{IN},所以称之为低压共源共栅结构。

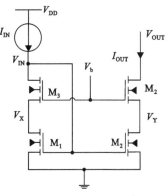

图 2-5 低压 MOS 共源共栅电流镜

2.3 电流基准电路

电流镜电路中,均需要一个稳定的基准电流。基准电流的产生是一个值得探讨的重要问题。

2.3.1 压控电流源

图 2-6 所示是一个简单的双管压控电流源。在这个电路中,输入控制电压和实际确定输出电流的电压之间有两个 PN 结背对背地连接,温度引起的结电压变化起对消作用。由图可得:

$$V_{\text{A}} = V_{\text{C}} + V_{\text{BE1}} - V_{\text{BE2}} \approx V_{\text{C}} \tag{2-23}$$

忽略 VT₂ 的基极电流,则输出电流为:

$$I_2 = I_0 - I_1 = \frac{V_{\text{A}}}{R_1} - I_1 \approx \frac{V_{\text{C}}}{R_1} - I_1 \tag{2-24}$$

其中,I_1 为常数,I_2 将随 V_{C} 线性变化。

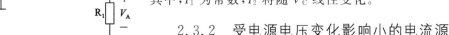

图 2-6 双管压控电流源

2.3.2 受电源电压变化影响小的电流源

图 2-7(a)所示为利用晶体管基极-发射极间电压 V_{BE} 作基准以产生输出电流,可以大大减小电源电压变化的影响。略去基极电流的影响,可得:

$$I_0 \approx \frac{V_{\text{BE}}}{R_2} \tag{2-25}$$

$$I_1 = \frac{V_{\text{CC}} - 2V_{\text{BE}}}{R_1} \approx \frac{V_{\text{CC}}}{R_1} \tag{2-26}$$

根据 PN 结电流与结电压的指数关系,可得 VT₁ 发射结电压:

$$V_{\text{BE}} = V_{\text{TH}} \ln \frac{I_1}{I_{\text{CO}}} \tag{2-27}$$

其中,I_{CO} 为 VT₁ 发射结的反向饱和电流。

将式(2-26)、式(2-27)代入式(2-25)中,得:

$$I_0 = \frac{V_{TH}}{R_2}\ln\frac{V_{CC}}{R_1 I_{CO}} = \frac{V_{TH}}{R_2}\ln\frac{I_1}{I_{CO}} \tag{2-28}$$

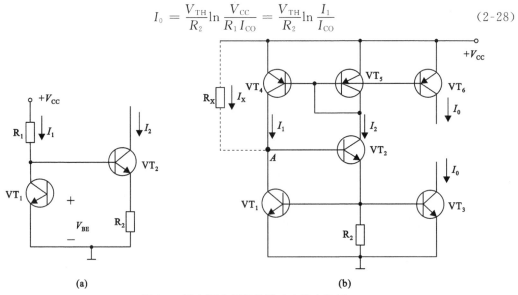

图 2-7 受电源电压变化影响小的电流源

(a) 用 V_{BE} 作基准的电流源;(b) 自给基准的电流源

可见,I_0 与 V_{CC} 的对数成比例。故当 V_{CC} 变化时,I_0 的相对变化远比 V_{CC} 的相对变化小,但这个电路的缺点是输出电流与温度有关。

2.3.3 自给基准的电流源

图 2-7(b)所示为自给基准的电流源,与图 2-7(a)相比,增加 VT$_4$ 取代了电阻 R$_1$。另外,增加了两个晶体管 VT$_3$ 和 VT$_6$ 作为输出管。由于晶体管的微变电阻比直流电阻大,电源电压的变化大部分降落在 VT$_4$ 两端。

自给基准的电流源工作原理如下:流过基准电流的晶体管 VT$_4$ 和 VT$_5$ 构成电流镜,流过 VT$_5$ 的电流 I_2 就是流过 VT$_2$ 的电流,成为 VT$_4$ 的基准电流,就是说输出电流源与基准电流源互为基准电流和输出电流。

与图 2-7(a)相似,式(2-28)同样适用于图 2-7(b),根据 VT$_4$、VT$_5$ 的镜像关系应该有 $I_1 = I_2$,则存在两个平衡点,如图 2-8 所示。

为避免电路稳定在不希望的电流零点(O 点)上,接入一个尽可能大的电阻 R$_X$ 产生一启动电流,使工作点离开原点,而处于设计的工作点。

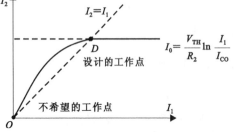

图 2-8 自给基准的电流源工作点图解

2.4 基准电压源电路

2.4.1 基准电压源的主要性能指标

(1)精度

电压基准源的输出电压与标称值的误差,包含绝对误差和相对误差,称为该电路的精度。

（2）温度抑制比 TC(temperature coefficient)

温度抑制比是当电源电压和负载不变时，基准电路受环境温度波动而产生的输出电压偏离正常值的程度，一般用 TC 表示，如式（2-29）所示。

$$\text{TC} = \left[\frac{V_{\max} - V_{\min}}{V_{\text{REF}}(T_{\max} - T_{\min})} \right] \times 10^{6} \tag{2-29}$$

（3）噪声

基准输出电压中的噪声通常包括宽带热噪声和窄带 $1/f$ 噪声。宽带噪声可以用简单的 RC 滤波器有效地滤除。$1/f$ 噪声是基准源的内在固有噪声，不能被滤除，一般在 $0.1 \sim 10$ Hz 范围内定义，单位为 $\mu V_{\text{P-P}}$。对于高精度系统，低频的 $1/f$ 噪声是一个重要的指标。

（4）电源抑制比 PSRR(power supply rejection ratio)

电源电压抑制比是指用于衡量当负载和环境温度不变时，因输入电压的波动而引起基准输出电压的改变，通常称为电压抑制比。一般用分贝（dB）来表征。其定义为电源电压变化率与输出电压变化率的比值，如式（2-30）所示。

$$\text{PSRR} = \frac{\dfrac{\Delta V_{\text{DD}}}{V_{\text{DD}}}}{\dfrac{\Delta V_{\text{REF}}}{V_{\text{REF}}}} \tag{2-30}$$

2.4.2　带隙基准电压源的基本原理

如图 2-9 所示，带隙基准电压源的基本原理是利用了 V_{BE} 的负温度系数和热电压 V_T 的正温度系数，二者相抵消即可形成与温度无关的基准电压源。其输出电压 $V_{\text{OUT}} = V_{\text{BE}} + MV_T$，当选择了恰当的 M 值后，即可实现 V_{OUT} 与温度无关。

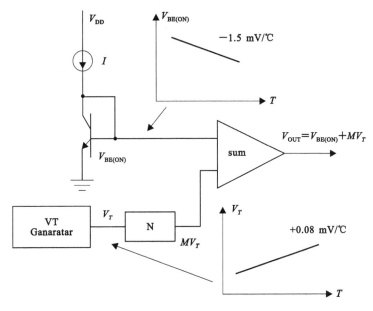

图 2-9　带隙基准电压源的工作原理图

在 CMOS 工艺中,NPN 管的发射极-基极电压 V_{BE} 呈负温度特性,而当两个双极型晶体管工作在不同的电流密度时,它们的发射极-基极电压之差 ΔV_{BE} 正比于绝对温度,呈正温度特性。为了实现零温度系数,电路利用 V_{BE} 和 ΔV_{BE} 实现温度补偿,即:

$$V_{REF} = V_{BE} + K\Delta V_{BE} \tag{2-31}$$

其中,K 是加权系数。

(1) 负温度系数电压 V_{BE}

双极型晶体管集电极的电流密度可以表示为:

$$J_C = \frac{qD_n n_{p0}}{W_B} \exp \frac{V_{BE}}{V_T} \tag{2-32}$$

其中,J_C 为三极管的集电极电流密度,q 为基本电荷量,D_n 为电子的平均扩散系数,n_{p0} 为基区电子的平衡浓度,W_B 为基区宽度,V_T 为热电压($V_T = kT/q$,k 为波尔兹曼常数,T 为绝对温度)。

基区电子的平衡浓度可以表示为:

$$n_{p0} = \frac{n_i^2}{N_A} = \frac{DT^3}{N_A} \exp \frac{-V_{G0}}{V_T} \tag{2-33}$$

其中,D 是与温度无关的常数;T 是绝对温度;N_A 是受主浓度;V_{G0} 是禁带宽度,约为1.12 eV。由式(2-32)和式(2-33)可以得到电流密度的表达式为:

$$J_C = \frac{qD_n}{N_A W_E} DT^3 \exp \frac{V_{BE} - V_{G0}}{V_T} = AT_0^\gamma \exp\left[\frac{V_{BE} - V_{G0}}{V_T}(V)\right] \tag{2-34}$$

其中,$A = qD_n D/(N_A W_B)$,是一个与温度无关的常数;D 是 D_n 与温度无关的常数部分,由于 D_n 和温度有关,所以式(2-34)中的 γ 和式(2-33)中的 D 稍有不同。考虑在温度为 T_0 时刻的电流密度 J_C,得到:

$$J_{C0} = AT_0^\gamma \exp\left[\frac{q}{kT_0}(V_{BE0} - V_{G0})\right] \tag{2-35}$$

由式(2-34)、式(2-35)可以得到:

$$\frac{J_C}{J_{C0}} = \left(\frac{T}{T_0}\right)^\gamma \exp\left[\frac{q}{k}\left(\frac{V_{BE} - V_{G0}}{T} - \frac{V_{BE0} - V_{G0}}{T_0}\right)\right] \tag{2-36}$$

进一步推导可以得到:

$$V_{BE} = V_{G0}\left(1 - \frac{T}{T_0}\right) + V_{BE0}\left(\frac{T}{T_0}\right) + \frac{\gamma kT}{q}\ln\frac{T_0}{T} + \frac{kT}{q}\ln\frac{J_C}{J_{C0}} \tag{2-37}$$

设 J_C 与温度的 T^α 有关,进一步推导式(2-37)可以得到:

$$V_{BE} = V_{G0} + \frac{T}{T_0}(V_{BE0} - V_{G0}) - (\gamma - \alpha)\frac{kT}{q}\ln\frac{T}{T_0} \tag{2-38}$$

不难看出,第一项是与温度无关的常数,第二项是关于温度的一阶项,第三项是关于温度的非线性项。如果将第三项进行泰勒展开就可以看到:

$$V_{BE} = \alpha_0 + \alpha_1 T + \alpha_2 T^2 + \cdots + \alpha_n T^n \tag{2-39}$$

式中的 $\alpha_0, \alpha_1, \cdots, \alpha_n$ 是与温度无关的常数。经验表明,在 $T = 300$ K 时,V_{BE} 的温度系数大约为 -1.5 mV/℃。

(2) 正温度系数电压

对于两个工作在不相等的电流密度下且面积比为 $n:1$ 的双极晶体管,如果它们的工艺参数都一样,那么可以得到它们的基极-发射极电压的差值 ΔV_{BE} 的表达式为:

$$\Delta V_{\mathrm{BE}} = V_{\mathrm{BE1}} - V_{\mathrm{BE2}} = V_T \ln \frac{nI_e}{I_s} - V_T \ln \frac{I_e}{I_s} = V_T \ln n \qquad (2\text{-}40)$$

其中，$V_T = kT/q$，则 ΔV_{BE} 与温度成正比关系；I_e 为发射结单位面积上流过的电流；I_s 为单位面积发射结上流过的反向饱和电流。

2.4.3 基准电压的产生

带隙基准电压源的基本原理是利用双极型晶体管基区-发射区电压 V_{BE} 具有的负温度系数，而不同电流密度偏置下的两个基区-发射区的电压差 V_{BE} 具有正温度系数的特性，将这两个电压线性叠加从而获得低温度系数的基准电压源，如图 2-10 所示。该基准电压可表示为：

$$V_{\mathrm{ref}} = V_{\mathrm{BE}} + K\Delta V_{\mathrm{BE}} \qquad (2\text{-}41)$$

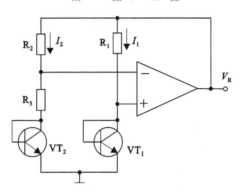

图 2-10　带隙基准电压简图

对 V_{ref} 关于温度求导：

$$\frac{\partial V_{\mathrm{ref}}}{\partial T} = \frac{\partial V_{\mathrm{G}}(T)}{\partial T} - \frac{V_{\mathrm{G}}(T_0)}{T_0} + \frac{V_{\mathrm{BE}}(T_0)}{T_0} - (m-1)\frac{k}{p}\left(\ln\frac{T_0}{T}+1\right) + K_1 \qquad (2\text{-}42)$$

其中，$K_1 = K\dfrac{k}{p}\ln(mn)$。

为了满足 V_{ref} 在温度 T_0 时的温度系数为 0，即在 $T = T_0$ 时等于 0，可得：

$$V_{\mathrm{ref}}(T_0) = V_{\mathrm{BE}}(T_0) + KT_0 = V_{\mathrm{G}}(T_0) + (m-1)\frac{kT_0}{q} - T_0\frac{\partial V_{\mathrm{G}}(T)}{\partial T}\Big|_{T=T_0} \qquad (2\text{-}43)$$

令 $T_0 = 0\ \mathrm{K}$，可以得到：

$$V_{\mathrm{ref}}(0) = V_{\mathrm{G}}(0) \qquad (2\text{-}44)$$

由于所得到的基准电压只与硅的带隙电压有关，因此其被称为带隙基准。带隙基准电压源应该具有温度的稳定性。

下面说明带隙基准电路的工作原理。根据运算放大器输入端的虚短特性，有：

$$I_1 R_1 = I_2 R_2 \qquad (2\text{-}45)$$

$$V_{\mathrm{BE1}} = I_2 R_2 + V_{\mathrm{BE2}} \qquad (2\text{-}46)$$

假定 VT_1 和 VT_2 的特性是匹配的，即具有相同的工艺结构，则有：

$$V_{\mathrm{BE1}} - V_{\mathrm{BE2}} = V_T \ln \frac{I_1}{I_2} \qquad (2\text{-}47)$$

由式(2-45)、式(2-46)可得：

$$V_{\mathrm{BE1}} - V_{\mathrm{BE2}} = V_T \ln \frac{R_2}{R_1} \qquad (2\text{-}48)$$

进一步得：

$$I_2 = \frac{V_T}{R_3}\ln\frac{R_2}{R_1} \tag{2-49}$$

$$I_1 R_1 = \frac{V_T R_2}{R_3}\ln\frac{R_2}{R_1} \tag{2-50}$$

又从图 2-10 可得：

$$V_R = V_{BE1} + I_1 R_1 \tag{2-51}$$

将式(2-50)代入式(2-51)得：

$$V_R = V_{BE1} + \frac{V_T R_2}{R_3}\ln\frac{R_2}{R_1} \tag{2-52}$$

此电路引入了高增益的负反馈放大器,决定温度系数的 $\frac{R_2}{R_3}$、$\frac{R_2}{R_1}$ 比值应该保持精确,从而使 V_R 的温度系数等于零。

思考题与习题

2.1　试述简单的电流镜的工作原理。以 MOS 电路为例,分析镜像电流误差的来源。

2.2　在简单的电流镜基础上,如何改进电路减小镜像电流误差?

2.3　推导图 2-4(b)所示的 MOS 管 Wilson 电流镜中输出电流与输入电流的关系。

2.4　如图 2-6 所示的双管压控电流源中 $V_C = 2\ \mathrm{V}$,$R_1 = 1\ \mathrm{k\Omega}$,$I_1 = 1\ \mathrm{mA}$,$I_2 = 1\ \mathrm{mA}$,已知 VT_2 管的电流放大倍数 β 为 100,求通过 VT_1 管集电极的电流。

2.5　带隙基准电压源的工作原理是什么? 图 2-10 所示电路中的器件(晶体管、电阻)匹配特性对电路的性能影响如何?

2.6　简述自给基准的电流源工作原理。自给基准的电流源有两个稳定点,为了避免电路处于电流零点上,画出能够启动的自给基准的电流源电路图。

3 集成放大电路

3.1 有源负载放大电路

放大器是模拟集成电路的基本功能块。双极型晶体管和 MOS 管能提供三种不同组态的放大模式。在共射组态和共源组态里,信号由放大器的基极或栅极输入,放大后从集电极或漏极输出。在共集组态和共漏组态中,信号由基极或栅极输入,从射极或源极输出。这种组态一般称为双极型晶体管电路的射随器或 MOS 管电路的源极跟随器。在共基组态或共栅组态中,信号由射极或源极输入,由集电极或漏极输出。每种组态都有唯一的输入电阻、输出电阻、电压增益和电流增益。在多级放大电路中,电路常常被分割成许多类型的单级放大器来进行分析。

MOS 管与双极型晶体管小信号等效电路非常相似。区别主要在小信号参数上。特别是 MOS 管从栅极到源极之间的电阻无限大,相应的双极型晶体管 r_π 有限。此外,双极型晶体管的 g_m 值在同样电流偏置下往往比 MOS 管的要大。这些区别在不同的场合有不同的应用。例如,MOS 管比双极型晶体管更易实现高输入阻抗放大电路,然而对于实现高增益放大电路,高 g_m 值的双极晶体管则比 MOS 管更易实现。在其他应用中,双极型晶体管的大信号指数特性和 MOS 管的平方特性都有各自的优点。

为了区别于模拟分立放大电路,本节以模拟集成电路经常用到的单元放大电路为主,着重介绍有源负载放大电路。

3.1.1 单端反相放大器

因 MOS 管的 g_m 低,一般采用有源负载,以增强型(E 型)作放大管和有源负载的电路称为 E/E 型;以 E 型管作为放大管,耗尽型(D 型)管作为有源负载的称为 E/D 型;以 NMOS 管和 PMOS 管组成的互补放大器称为 CMOS 型。

(1) E/E NMOS 放大器

对于图 3-1(a),由图 3-2 计算 E/E NMOS 放大器的电压增益,且忽略背栅跨导 g_{mb2},得:

$$A_{vE} = - g_{m1} \frac{r_{ds1} \cdot r_{ds2}}{r_{ds1} + r_{ds2}} \tag{3-1}$$

其中,r_{ds1} 是 VT_1 的输出电阻;r_{ds2} 是 VT_2 的输出电阻;r_{ds2} 是从 VT_2 源极看进去的等效电阻,其阻值远比 r_{ds1} 小,因此,$\frac{r_{ds1} \cdot r_{ds2}}{r_{ds1} + r_{ds2}} \approx r_{ds2}$。由于工作在小信号情形下,$r_{ds2} = 1/g_{m2}$,得到:

$$A_{vE} = - g_{m1} r_{ds2} = -\frac{g_{m1}}{g_{m2}} \tag{3-2}$$

考虑到 VT_1、VT_2 有相同的工艺参数和工作电流,跨导比就等于器件的宽长比之比:

$$A_{vE} = -\frac{g_{m1}}{g_{m2}} = \sqrt{\frac{\dfrac{W_1}{L_1}}{\dfrac{W_2}{L_2}}} \tag{3-3}$$

考虑背栅跨导 g_{mb2} 时，VT_2 的输出电阻为：

$$r_{o2} = \frac{1}{\dfrac{1}{r_{ds2}} + \dfrac{1}{r_{ab2}}} = \frac{1}{g_{m2} + g_{mb2}} \qquad (3\text{-}4)$$

相应地，放大器的电压增益变为：

$$A_{vE}' \approx -\frac{g_{m1}}{g_{m2} + g_{mb2}} = \frac{1}{1 + \lambda_b} - \frac{g_{m1}}{g_{m2}} = -\frac{1}{1 + \lambda_b} \cdot A_{vE} \qquad (3\text{-}5)$$

其中，$\lambda_b = g_{mb2}/g_{m2}$，称为衬底偏置系数。

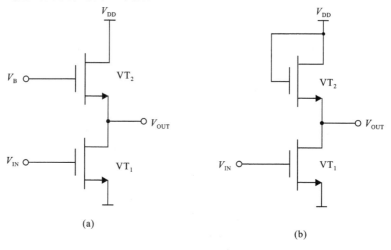

图 3-1　E/E NMOS 放大电路的两种组成形式

（a）负载管偏置固定连接；（b）负载管二极管连接

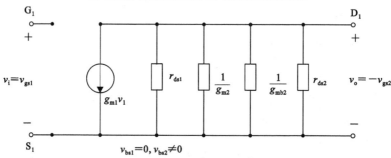

图 3-2　E/E NMOS 放大器的低频小信号等效电路

对于图 3-1 所示的电路结构，考虑到工作管和负载管的电流相同，有 $I_{DS1} = I_{DS2}$，即：

$$K'\frac{W_1}{L_1}(V_{IN} - V_{TH})^2 = K'\frac{W_2}{L_2}(V_{DD} - V_{OUT} - V_{TH})^2 \qquad (3\text{-}6)$$

在不考虑衬底偏置效应时，放大器在工作点 Q 附近的电压增益为：

$$A_{vE} = -\frac{v_{out}}{v_{in}} = \left.\frac{\partial V_{OUT}}{\partial V_{IN}}\right|_Q = \sqrt{\frac{\dfrac{W_1}{L_1}}{\dfrac{W_2}{L_2}}} \qquad (3\text{-}7)$$

与图 3-1(a) 所示电路的分析相同，图 3-1(b) 所示的电路也一样存在衬底偏置效应，并且影响相同。

（2）E/D NMOS 放大器

图 3-3 所示的 E/D NMOS 放大器具有与 E/E NMOS 放大器相同的低频小信号等效电路,电压增益为:

$$A_{vD} = - g_{m1} r_b = - \frac{1}{\lambda_b} \cdot \frac{g_{m1}}{g_{m2}} = \frac{1}{\lambda_b} \sqrt{\frac{\dfrac{W_1}{L_1}}{\dfrac{W_2}{L_2}}} \qquad (3\text{-}8)$$

比较式(3-3)和式(3-8)不难看出,以耗尽型 NMOS 晶体管作为负载的 NMOS 放大器的电压增益大于以增强型 NMOS 晶体管作负载的放大器。但两者有一个共同点,那就是:减小衬底偏置效应的作用将有利于电压增益的提高。

（3）PMOS 负载放大器

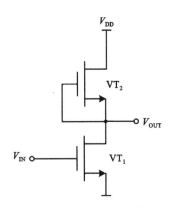

图 3-3　E/D NMOS 放大器

以增强型 PMOS 晶体管作为反相放大器的负载所构成电路结构如图 3-4 所示,电路 VT₁ 和 VT₂ 的交流输出电阻表示为:

$$r_{o1} = \frac{|V_{A1}|}{I_{DS1}}, \quad r_{o2} = \frac{|V_{A2}|}{I_{DS2}} \qquad (3\text{-}9)$$

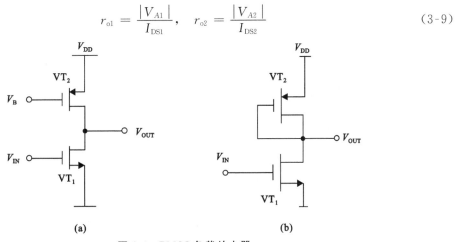

(a)　　　　　　　　　　**(b)**

图 3-4　PMOS 负载放大器

（a）负载管固定偏置放大器；（b）二极管连接的负载管放大器

NMOS 晶体管 VT₁ 的跨导可以表示为:

$$g_{m1} = \sqrt{2\mu_n C_{0x} \frac{W_1}{L_1} I_{DS1}} \qquad (3\text{-}10)$$

考虑到 $I_{DS1} = I_{DS2} = I_{DS}$,则放大器的电压增益为:

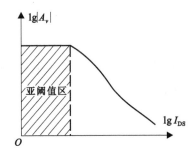

图 3-5　电压增益和工作电流的关系

$$A_v = - g_{m1} \frac{r_{o1} \cdot r_{o2}}{r_{o1} + r_{o2}}$$

$$= - \frac{1}{\sqrt{I_{DS}}} \cdot \frac{|V_{A1} \cdot V_{A2}|}{|V_{A1}| + |V_{A2}|} \cdot \sqrt{2\mu_n C_{0x} \frac{W_1}{L_1}} \qquad (3\text{-}11)$$

从式(3-11)可以看出,放大器的电压增益和工作电流的平方根成反比,随着工作电流的减小,电压增益增大,但当电流小到一定的程度,即器件进入亚阈值区时,电压增益不再变化而趋于饱和,电压增益和工作电流的关系如图 3-5 所示。

在亚阈值区的 MOS 晶体管的跨导和工作电流不再是平方根关系,而是线性关系。因此在电压增益公式中的电流项被约去,增益成为一个常数。图 3-4(b)所示的电路结构与图 3-1(b)相比,它的负载管不存在衬偏效应。电压增益为:

$$A_v = -\frac{g_{m1}}{g_{m2}} = -\sqrt{\frac{\mu_n \dfrac{W_1}{L_1}}{\mu_p \dfrac{W_2}{L_2}}} \tag{3-12}$$

因为电子迁移率 μ_n 大于空穴迁移率 μ_p,所以,与不考虑衬底偏置时的 E/E NMOS 放大器相比,即使各晶体管尺寸相同,以栅漏短接的 PMOS 为负载的放大器的电压增益仍大于 E/E NMOS 放大器。

通过对以上几种基本放大器电压增益的分析得出,要提高基本放大器的电压增益,可以从以下三个方面入手:

① 提高工作管的跨导,最简单的方法是增加其宽长比。

② 减小衬底偏置效应的影响。

③ 采用恒流源负载结构。

3.1.2 改进型单端放大器

(1) CMOS 推挽放大器

M_1 的输出交流电流等于 $g_{m1} \cdot v_i$;M_2 的输出交流电流等于 $g_{m2} \cdot v_i$,如图 3-6 所示。

放大器的输出电压等于:

$$v_0 = (g_{m1} \cdot v_i + g_{m2} \cdot v_i) \cdot \frac{r_{o1} \cdot r_{o2}}{r_{o1} + r_{o2}} \tag{3-13}$$

放大器的电压增益:

$$A_v = \frac{v_o}{v_i} = (g_{m1} + g_{m2}) \cdot \frac{r_{o1} \cdot r_{o2}}{r_{o1} + r_{o2}} \tag{3-14}$$

如果通过设计使 M_1 和 M_2 的跨导相同,即 $g_{m1} = g_{m2} = g_m$,则有:

$$A_v = 2g_{m1} \frac{r_{o1} \cdot r_{o2}}{r_{o1} + r_{o2}}$$

$$= -\frac{2}{\sqrt{I_{DS}}} \cdot \frac{|V_{A1} \cdot V_{A2}|}{|V_{A1}| + |V_{A2}|} \cdot \sqrt{2\mu_n C_{0x} \frac{W_1}{L_1}} \tag{3-15}$$

(2) 电流源有源负载放大电路

由于电流源具有交流电阻大的特点,所以在模拟集成电路中被广泛用作放大电路的负载。这种以电流源电路作为放大电路的负载也属于有源负载。

图 3-7 所示为共发射极有源负载放大电路。VT_1 是共射极组态的放大管,信号由基极输入,集电极输出。两个 PNP 管和电阻 R 组成电流镜,代替 R_C 作为 VT_1 的集电极负载。电流 I_{C2} 等于基准电流 I_{REF}。

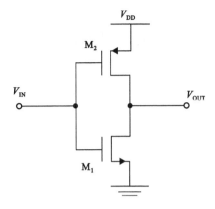

图 3-6 CMOS 推挽放大器

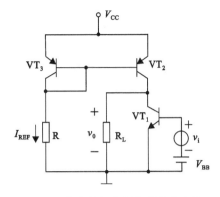

图 3-7 共发射极有源负载放大电路

根据共射放大电路的电压增益可知,该电路电压增益表达式为:

$$A_v = \frac{\beta \cdot \dfrac{r_o \cdot R_L}{r_o + R_L}}{r_{be}} \tag{3-16}$$

其中,r_o 是电流源的内阻,即从集电极看进去的交流等效电阻。而用电阻 R_C 作负载时,电压增益表达式为:

$$A_v = \frac{\beta \cdot \dfrac{R_C \cdot R_L}{R_C + R_L}}{r_{be}} \tag{3-17}$$

由于 $r_o \gg R_C$,因此有源负载大大提高了放大电路的电压增益。

3.2 双端输入的差动放大器

3.2.1 双极晶体管差动放大器

1.基本的双极晶体管差动放大器

（1）基本原理电路及特点

基本双极晶体管差动放大器原理图如图 3-8 所示。

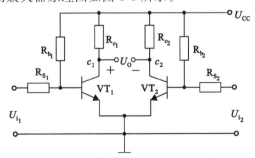

图 3-8 基本双极晶体管差动放大器

电路中所加的有用信号就是差模信号:$U_{id_1} = -U_{id_2} = \frac{1}{2}U_{id}$、$U_{id} = U_{id_1} - U_{id_2}$。

电路中的干扰信号、零点漂移等都可视为共模信号:$U_{ic_1} = U_{ic_2} = U_{ic}$,如图 3-9 所示。

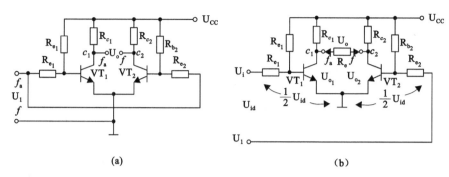

图 3-9 信号输入示意图

（a）共模信号；（b）差模信号

（2）工作原理

对差模信号有较大的放大作用；对共模信号有较强的抑制作用，如图 3-10 所示。

① 共模电压放大倍数 A_{uc}。

由于 $U_{ic_1} = U_{ic_2}$，$U_{o_1} = U_{o_2}$，$U_o = U_{o_1} - U_{o_2} = 0$，因此：

$$A_{uc} = \frac{U_{oc}}{U_{ic}} = 0 \tag{3-18}$$

② 差模电压放大倍数 A_{ud}。

由于 $A_{u_1} = A_{u_2} = A_{u单}$，$U_o = U_{o_1} - U_{o_2} = A_{u_1} U_{i_1} - A_{u_2} U_{i_2} = A_{u单} U_{i_1} - A_{u单} U_{i_2} = A_{u单}(U_{i_1} - U_{i_2})$，因此：

$$A_{ud} = \frac{U_o}{U_{id}} = \frac{A_{U单}(U_{i_1} - U_{i_2})}{U_{i_1} - U_{i_2}} = A_{u单} \approx -\frac{\beta R_L{}'}{R_s + r_{be}} \tag{3-19}$$

其中，$R_L{}' = R_C \parallel \dfrac{R_L}{2}$。

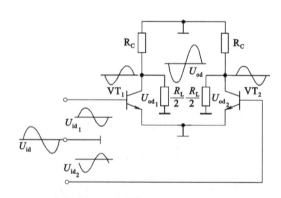

图 3-10 对差模信号的放大作用

2. 长尾式差动放大电路

在单端输出的情况下，对称性得不到利用。因此增加共模反馈电阻 R_e，通过负反馈来抑制零点漂移。同时为了满足静态的要求，增加负电源 V_{EE}，得到如图 3-11 所示的电路。

（1）静态计算

由于电路对称，计算半电路即可。静态时，输入短路，由于流过电阻 R_e 的电流为 I_{E_1} 和 I_{E_2} 之和，且电路对称，$I_{E_1} = I_{E_2}$。

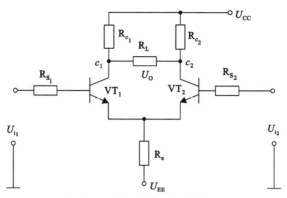

图 3-11 长尾式差动放大电路

由负电源和基极回路有：$U_{EE}-U_{BE}=2I_{E_1}R_e+I_BR_{s_1}$，$I_{B_1}=\dfrac{I_{E_1}}{1+\beta}$，$R_{S_1}=R_{S_2}=R_S$，得：

$$I_{B_1}=\frac{U_{EE}-U_{BE}}{R_S-(1+\beta)2R_e} \tag{3-20}$$

即：$I_{c_1}=I_{c_2}=\beta I_{B_1}$，$U_{c_1}=U_{c_2}=U_{CC}-I_{c_1}R_{c_1}$ 为集电极对地的电位。

（2）差模电压放大倍数

对差模信号：

$$U_{id_1}=-U_{id_2}=\frac{1}{2}U_{id}$$

因此在两管中产生的信号电流方向正好相反，在 R_e 上产生的电流方向相反，即在 R_e 上总的信号电流为零，没有压降，因此可由如图 3-12 所示的电路进行分析：

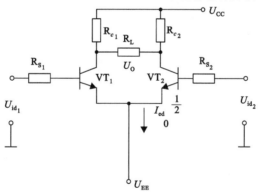

图 3-12 差模交流电路

对双端输入、双端输出：

$$A_{ud}=\frac{U_{od}}{U_{id}}=\frac{U_{od_1}-U_{od_2}}{U_{id_1}-U_{id_2}}=\frac{2U_{od_1}}{2U_{id_1}}=A_{u1单}\approx-\frac{\beta R_L'}{R_S+r_{be}} \tag{3-21}$$

其中，R_L' 为 R_c 和 $R_L/2$ 的并联。

即：差分放大器的电压放大倍数与单管共射放大器的电压放大倍数一样。

对双端输入、单端输出：

$$A_{ud}=\frac{U_{od}}{U_{id}}=\frac{U_{od_1}}{U_{id_1}-U_{id_2}}=\frac{U_{od_1}}{2U_{id_1}}=\frac{1}{2}A_{u1单}\approx-\frac{1}{2}\frac{\beta R_L'}{R_S+r_{be}} \tag{3-22}$$

其中，R_L' 为 R_c 和 R_L 的并联。

可见,单端输出的情况下,电压放大倍数约为双端输出的一半。总之,差分放大器对差模信号(即有用信号)有较大的放大作用。

(3) 共模电压放大倍数

对共模信号:

$$U_{ic_1} = U_{ic_2} = U_{ic}$$

因此在两管中产生的共模信号电流方向正好相同,在 R_e 上产生的共模信号电流方向相同,如图 3-13 所示,即在 R_e 产生的压降为:

$$(I_{E1} + I_{E2})R_e = 2I_{E1}R_e \tag{3-23}$$

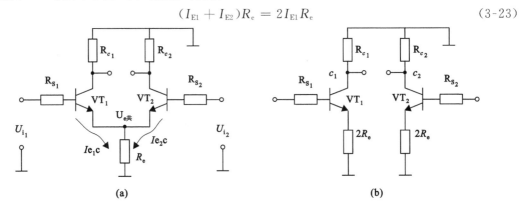

图 3-13 共模信号的交流通路

(a) 共模信号的交流通路形式之一;(b) 共模信号的交流通路形式之二

对双端输入、单端输出:

$$U_{ic_1} = U_{ic_2}, \quad U_o = U_{oc_1}$$

$$A_{uc} = \frac{U_{oc_1}}{U_{ic_1}} = -\frac{\beta R'_L}{R_S + r_{be} + (1+\beta) \cdot 2R_e} \approx -\frac{R'_L}{2R_e} \tag{3-24}$$

其值很小,即:在单端输出的情况下,靠共模反馈电阻 R_e 抑制零点漂移。

3. 具有调零电路的差动放大器

为了克服两个差分对管及电路参数不对称造成的输出直流电压不为零的现象,可增加静态调零电路,有如图 3-14 所示的两种形式。

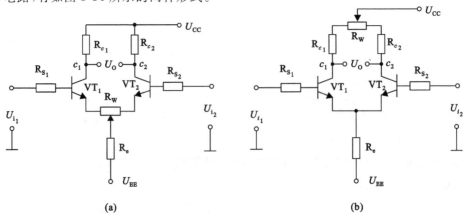

图 3-14 具有调零电路的差动电路

(a) 发射极调零;(b) 集电极调零

对发射极增加调零电阻 R_W 后,前面的公式将修改为:

差模放大倍数 A_{ud}:

$$A_{ud} = \frac{\beta R_L'}{R_e + r_{be} + (1+\beta)\dfrac{R_W}{2}} \tag{3-25}$$

差模输入电阻 r_{id}:

$$r_{id} = 2\left[R_S + r_{be} + (1+\beta)\frac{R_W}{2}\right] \tag{3-26}$$

共模输入电阻 r_{ic}:

$$r_{ic} = \frac{1}{2}\left[r_{be} + R_S + (1+\beta)\frac{R_W}{2}\right] + (1+\beta)R_e \tag{3-27}$$

或者

$$r_{ic} = r_{be} + R_S + (1+\beta)\frac{R_W}{2} + (1+\beta)\cdot 2R_e \tag{3-28}$$

4. 恒流源差动放大器电路

为了进一步提高共模抑制比,就必须增大 R_e,而增大 R_e 就必须要增加电源的值,所以必须设法使 R_e 上有较高的交流电阻,而又有不太高的直流电阻。三极管正好有这样一种性质,三极管工作在放大区时,其集电极电压在很大范围内变化,而集电极电流变化很小,即交流电阻很大,而直流电阻(工作点处的集电极电压与集电极电流的比值)又不太大。

三极管的集电极电压在很大范围内变化时,集电极电流几乎不变的性质称为它的恒流作用。用三极管的 CE 代替 R_e 作为共模反馈电阻,即可得到带有恒流源的差分放大器,如图 3-15 所示。

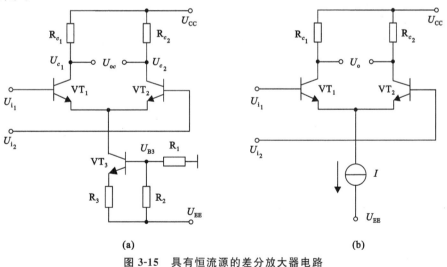

图 3-15 具有恒流源的差分放大器电路

(a) 用三极管的 CE 代替 R_e 的差动电路;(b) 电路的简化表示

CE 间的电阻计算:将 VT_3 组成的恒流源电路等效如图 3-16 所示,即可推出 CE 之间的交流电阻。因 $r_{o_3} = \dfrac{U_o}{I_o}$;输出电压:$U_o = (I_o - \beta I_{b_3})r_{ce} + (I_o + I_{b_3})R_3$;又 $I_{b_3}(r_{be} + R_1 \parallel R_2) + (I_o + I_{b_3})R_3 = 0$,得:$I_{b_3} = -\dfrac{R_3}{r_{be} + R_3 + R_1 \parallel R_2}$。

最终得：

$$r_{o_3} = \frac{U_o}{I_o} = \left(1 + \frac{\beta R_3}{r_{be} + R_3 + R_1 \parallel R_2}\right)r_{ce} + R_3 \parallel (r_{be} + R_1 \parallel R_2)$$

$$\approx \left(1 + \frac{\beta R_3}{r_{be} + R_3 + R_1 \parallel R_2}\right)r_{ce} \tag{3-29}$$

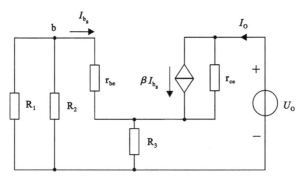

图 3-16　恒流源等效电路

用大的电阻作为 R_e，可大大提高其对共模信号的抑制能力。此时，恒流源所呈现的直流电阻并不高，即所要求的电源电压不高。

此电路的静态计算可以从 VT_3 入手，由负电源到它的基极回路计算出 I_{E_3}。即得两差分管的集电极电流为：

$$I_{c_1} = I_{c_2} = \frac{I_{E_3}}{2} \tag{3-30}$$

5. 一般输入信号情况

当差动放大电路的输入信号既不是差模信号，也不是共模信号，即两输入端的信号大小不等时，可将其分解成一对共模信号和一对差模信号共同作用在放大电路的两输入端。

差模信号：

$$U_{id} = U_{i_1} - U_{i_2} \tag{3-31}$$

则每管的输入电压为：

$$U_{id_1} = |U_{id_2}| = \pm \frac{1}{2} U_{id} = \pm \frac{1}{2}(U_{i_1} - U_{i_2}) \tag{3-32}$$

共模信号为：

$$U_{ic} = \frac{U_{i_1} + U_{i_2}}{2} \tag{3-33}$$

由上可得：

$$U_{i_1} = U_{ic} + U_{id_1}, \quad U_{i_2} = U_{ic} + U_{id_1} \tag{3-34}$$

则输出电压为：

$$U_o = A_{vd} U_{id} + A_{vc} U_{ic} \tag{3-35}$$

6. 差动放大电路四种接法

（1）双端输入、双端输出

如图 3-17(a) 所示，差模电压放大倍数为：

$$A_{vd} = \frac{U_o}{U_i} = -\frac{\beta R_L'}{R_S + r_{be}} \quad \left(其中 R_L' = R_C \parallel \frac{R_L}{2}\right) \tag{3-36}$$

差动输入电阻 R_{id} 和输出电阻 R_{od} 为：

$$R_{id} = 2(R_S + r_{be}) \tag{3-37}$$

$$R_{od} \approx 2R_C \tag{3-38}$$

共模电压放大倍数为：

$$A_{vc} = \frac{U_{oc}}{U_{ic}} \tag{3-39}$$

共模抑制比为：

$$CMRR \rightarrow \infty \tag{3-40}$$

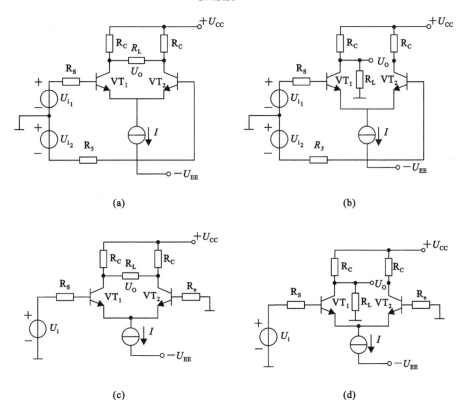

图 3-17 差动放大电路四种接法

（a）双端输入、双端输出；（b）双端输入、单端输出；

（c）单端输入、双端输出；（d）单端输入、单端输出

（2）双端输入、单端输出

如图 3-17（b）所示，差模电压放大倍数、输入电阻、输出电阻、共模电压放大倍数分别为：

$$A_{v单} = -\frac{1}{2}\frac{\beta R'_L}{R_S + r_{be}} \quad \left(R'_L = \frac{R_C \cdot R_L}{R_C + R_L}\right) \tag{3-41}$$

$$r_{id} = 2(R_s + r_{be}) \tag{3-42}$$

$$r_{od} \approx R_C \tag{3-43}$$

$$A_{vc单} = -\frac{\beta R'_L}{r_{be} + R_S + (1+\beta)2R_d} \tag{3-44}$$

$$CMRR = \left|\frac{A_{vd}}{A_{vc}}\right| = \frac{R_S + r_{be} + (1+\beta)2R_d}{2(R_S + r_{be})} \approx \frac{\beta R_d}{R_S + r_{be}} \tag{3-45}$$

（3）单端输入、双端输出

如图 3-17(c)所示，其输入、输出电压关系可由下列关系获得。

$$U_{i_1} = U_{ic} + U_{id_1}, \quad U_{i_2} = U_{ic} + U_{id_2} \tag{3-46}$$

$$U_{id} = U_{i_1} - U_{i_2} = U_{i_1} U_{i_c} = \frac{U_{i_1} + U_{i_2}}{2} = \frac{1}{2} U_i \tag{3-47}$$

$$U_{i_1} = U_{ic} + \frac{1}{2} U_{id} = \frac{1}{2} U_i + \frac{1}{2} U_{id} U_{i_2} = U_{ic} - \frac{1}{2} U_{id} = \frac{1}{2} U_i - = \frac{1}{2} U_{id} \tag{3-48}$$

由公式

$$U_o = A_{vd} U_{id} + A_{vc} U_{ic} \tag{3-49}$$

忽略共模放大作用，其单端输入、双端输出的电压放大倍数的结论跟双端输入、双端输出的结论一样。

（4）单端输入、单端输出

同理，单端输入、单端输出的电压放大倍数的结论跟双端输入、单端输出的结论一样。

这种接法的特点是：它比单管基本放大电路具有更强的抑制零漂能力，而且可根据不同的输出端，得到同相或反相关系。

综上所述，差动放大电路电压放大倍数仅与输出形式有关，只要是双端输出，它的差模电压放大倍数与单管基本放大电路相同；如为单端输出，它的差模电压放大倍数是单管基本电压放大倍数的一半，输入电阻都是相同的。

3.2.2 共源共栅差分放大器

前面所讲的相关 CMOS 集成放大电路均属于共源放大器，与其相对应的还有其他三种组态的放大电路形式，即共漏源放大器、共栅源放大器、共源共栅放大器。要掌握共源共栅差分放大器的结构，需从 CMOS 集成放大电路不同组态的认识开始。

1. 不同组态 CMOS 放大电路

图 3-1～图 3-5 所示均为简单的共源放大器，这里不再重述。

关于共漏(CD)放大电路，通常也称为源极跟随器，与双极性晶体管放大电路的共集电极（即射极跟随器）类似。不同结构的共漏(CD)放大电路各有特点。

图 3-18 所示的源极跟随器具有高输入阻抗、中输出阻抗的缓冲级特点。

输出阻抗为：

$$R_O = \frac{1}{g_m} \parallel \frac{1}{g_{mb}} \parallel r_{ds} \parallel R_s = \frac{1}{g_m + g_{mb} + \frac{1}{r_{ds}} + \frac{1}{R_s}} \tag{3-50}$$

输入阻抗增益为：

$$A_v = \frac{g_m R_s}{1 + (g_m + g_{mb}) R_s} = \frac{R_s}{\frac{1}{g_m} + (g_m + g_{mb}) \frac{R_s}{g_m}} \tag{3-51}$$

其特点如下：NMOS 管的体效应使 V_{TH} 随 V_{in} 变化；对于 N-well 工艺，NMOS 管的体效应无法消除；r_{ds} 随 V_{DS} 变化，L 越小，问题越严重。

PMOS 源极跟随器（图 3-19）通过采用各自独立的阱可消除体效应，器件线性度好于 NMOS 跟随器。但 PMOS 管的载流子迁移率低于 NMOS 管，输出电阻较大。

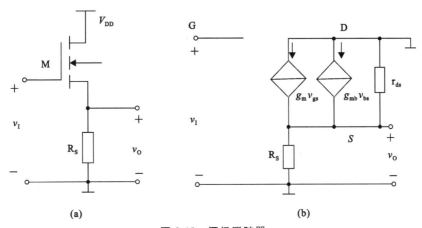

图 3-18　源极跟随器

（a）源极跟随器电路形式；（b）CD 低频小信号等效电路

　　源极跟随器对摆幅有一定的限制作用。图 3-20 所示为两级放大电路,第二级为源极跟随器。

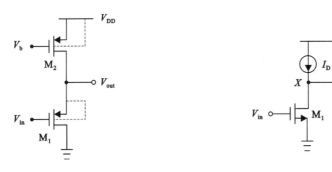

图 3-19　PMOS 源极跟随器　　　　**图 3-20　输出级为源极跟随器的两级放大电路**

　　图 3-20 中,当只有 CS 放大级时,$V_X \geqslant V_{GS1} - V_{TH1}$,使 M_1 处于饱和区。加跟随器后:$V_X \geqslant V_{GS2} + (V_{GS3} - V_{TH3})$,使 M_3 处于饱和区;当 $V_{GS1} - V_{TH1} \approx V_{GS3} - V_{TH3}$ 时,后者的 V_X 比前者高约 V_{GS2},跟随器使 CS 放大器的摆幅降低了 V_{GS2}。据此,源极跟随器可用来作电平移动电路。

　　图 3-21 所示为输入电平对比电路。

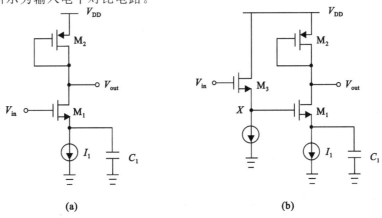

图 3-21　不同输入电平电路

（a）CS 电路；（b）CD 输入级电路

图 3-21(a)中，V_{in} 的直流电平不能高于 $V_{DD} - |V_{GS2}| + V_{TH1}$。图 3-21(b)中，当 V_{in} 的直流电平在 V_{DD} 附近时，需加跟随器。当 $V_{in} \approx V_{DD}$ 时，为使 M1 饱和，须满足 $V_{DD} - V_{GS3} - V_{TH1} \leqslant V_{DD} - |V_{GS2}|$。

共栅(CG)放大电路是 CMOS 放大器的另一种重要类型，类似于双极型晶体管放大电路的共基组态，如图 3-22 所示。

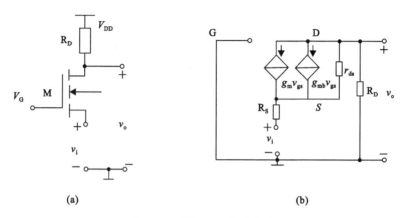

(a)   (b)

图 3-22　共栅(CG)放大电路

(a) CG 电路形式；(b) CG 低频小信号等效电路

$$R_i = \frac{v_i}{i_i} = \frac{r_{ds} + R_D}{1 + (g_m + g_{mb})r_{ds}} \approx \frac{1}{g_m + g_{mb}r_{ds}} \tag{3-52}$$

$$R_o = R_D \| \{r_{ds} + [1 + (g_m + g_{mb})r_{ds}]R_s\} \tag{3-53}$$

$$A_v = \frac{\left(g_m + g_{mb} + \dfrac{1}{r_{ds}}\right)R_D}{1 + \dfrac{R_D}{r_{ds}}} \tag{3-54}$$

当 $r_{ds} \gg R_D$ 时，

$$R_i \approx \frac{1}{g_m + g_{mb}} \tag{3-55}$$

$$A_v = (g_m + g_{mb})R_D = g_m(1 + \eta)R_D \tag{3-56}$$

由此可得 CG 放大电路有如下特点：电压增益大小与 CS 相当，同相放大；电流增益为 1 的电流缓冲级；输入阻抗低；输出阻抗高；频带比 CS 宽。而体效应使增益增加，输入阻抗降低，带来非线性。

CG 放大器大信号工作有一定的条件。当直流 $V_{in} \geqslant V_b - V_{TH}$ 时，器件截止。

共源共栅(CS-CG)放大电路，具有增益高、输出阻抗高、频带宽、输出摆幅低的特点。图 3-23 所示为一般 CS-CG 放大电路。

$$R_o = r_{ds1} + r_{ds2} + (g_{m2} + g_{mb2})r_{ds1}r_{ds2} \approx (g_{m2} + g_{mb2})r_{ds1}r_{ds2} \tag{3-57}$$

当 $R_D \to \infty$ 时，

$$A_{vo} = -g_{m1}\{[(g_{m2} + g_{mb2})r_{ds1}r_{ds2}] \| R_D\} \approx -g_{m1}g_{m2}r_{ds1}r_{ds2} \tag{3-58}$$

在共源共栅放大器中，偏置 V_b 设置非常关键。

当 M_1 在饱和区，$V_X \geqslant V_{in} - V_{TH1}$ 时，$V_b - V_{GS2} \geqslant V_{in} - V_{TH1}$；当 M_2 在饱和区，$V_{out} \geqslant V_b - V_{TH2}$ 时，$V_{out} \geqslant V_{in} - V_{TH1} + V_{GS2} - V_{TH2}$。

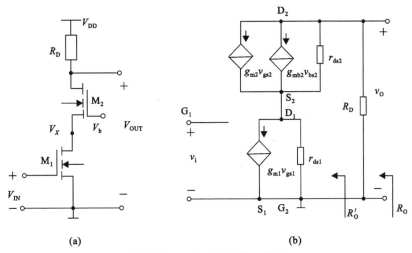

(a)　　　　　　　　　　　(b)

图 3-23　一般 CS-CG 放大电路

(a) CS-CG 电路形式；(b) CS-CG 低频小信号等效电路

当 V_b 处于 M_1 三极管区边缘时，得最小输出电压 $V_{\text{out(min)}}$。

$$V_{\text{OUT}} \geqslant V_{\text{GS2}} - V_{\text{TH2}} + V_{\text{DS1}} \geqslant V_{\text{GS2}} - V_{\text{TH2}} + V_{\text{GS1}} - V_{\text{TH1}} = V_{\text{OV1}} + V_{\text{OV2}} \qquad (3-59)$$

可见，输出摆幅降低了。

为获得更大的输出电阻，采用套筒式的扩展方法，但会牺牲更大摆幅，如图 3-24 所示。

当所有栅偏置均选择合适的值，得最大输出摆幅：

$$V_{\text{DD}} - (V_{\text{GS1}} - V_{\text{TH1}}) - (V_{\text{GS2}} - V_{\text{TH2}}) -$$
$$|V_{\text{GS3}} - V_{\text{TH3}}| - |V_{\text{GS4}} - V_{\text{TH4}}|$$
$$= V_{\text{DD}} - 4V_{ov} \qquad (3-60)$$

$$R_{\text{OUT}} = \{[1 + (g_{m2} + g_{mb2})]r_{o1} + r_{o2}\} \parallel$$
$$\{[1 + (g_{m3} + g_{mb3})r_{o3}]r_{o4} + r_{o3}\} \qquad (3-61)$$

$$A_v \approx g_{m1}[(r_{o1}r_{o2}g_{m2}) \parallel (r_{o3}r_{o4}g_{m3})] \qquad (3-62)$$

2. 共源共栅差分放大器结构

图 3-25 所示为简单共源共栅差分放大器的两种结构。

简单运算放大器结构电路的低频小信号增益为：

$$A_v = -g_{m2}\frac{r_{ds2} \cdot r_{ds4}}{r_{ds2} + r_{ds4}} \qquad (3-63)$$

图 3-26 所示为套筒式共源共栅差分放大器的两种结构。

图 3-26(a) 和 (b) 分别表示了单端输出和差动输出的电

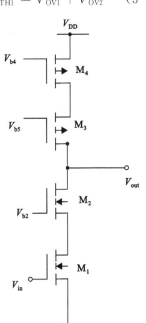

图 3-24　Cascode 放大器级联的扩展

路，这些电路增益的数量级为：

$$A_v = g_{m2}(g_{m4}r_{o2}r_{o4} \parallel g_{m6}r_{o6}r_{o8}) \qquad (3-64)$$

但是以减小输出摆幅和增加极点作为代价。

在图 3-26(b) 所示的全差动电路中，其输出摆幅为：

$$V_{\text{OUT}} = 2[V_{\text{DD}} - (V_{\text{OD1}} + V_{\text{OD3}} + V_{\text{CSS}} + |V_{\text{OD5}}| + |V_{\text{OD7}}|)] \qquad (3-65)$$

这里的 $V_{\text{OD}j}$ 表示 M_j 的过驱动电压。

M_2 和 M_4 均工作在饱和区的条件是：$V_{\text{OUT}} \leqslant V_x + V_{\text{TH2}}$ 及 $V_{\text{OUT}} \geqslant V_b - V_{\text{TH4}}$；由于 $V_x \leqslant$

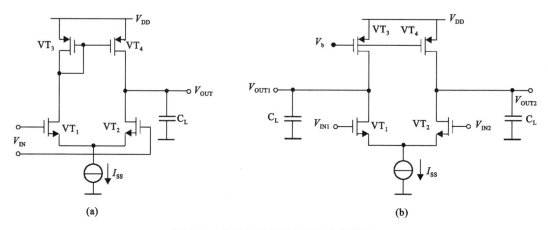

图 3-25　简单共源共栅差分放大器结构

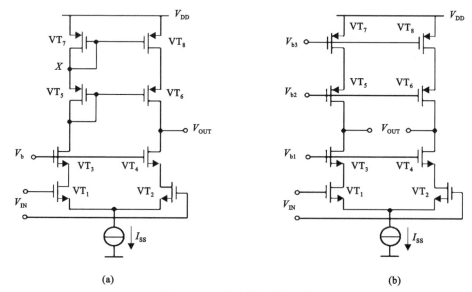

图 3-26　套筒式共源共栅结构

(a) 单端输出；(b) 差动输出

$V_b - V_{GS4}$，因此：

$$V_b - V_{TH4} \leqslant V_{OUT} \leqslant V_b - V_{GS4} + V_{TH2} \tag{3-66}$$

输出电压的范围：

$$V_{max} - V_{min} = V_{TH4} = (V_{GS4} - V_{TH2}) \tag{3-67}$$

图 3-27 所示为输入与输出短路的共源共栅运算放大器。

3. 折叠式共源共栅放大器

由共源共栅电路向折叠式共源共栅结构的转变是将输入管抽出，变换此 MOS 管的类型（NMOS 改换为 PMOS，PMOS 改换为 NMOS），与偏置管并接重新配置共用的偏置电流源，原电流源和放大信号输出位置不变，如图 3-28(a)、(b) 分别是以 NMOS 与 PMOS 为放大管的共源共栅放大电路的折叠结构转变示意图。

在图 3-28 所示的 4 个电路中，由 M_1 所产生的小信号电流依次流过 M_2 和负载，产生的输出电压约等于 $G_{m1} R_{OUT} V_{IN}$。

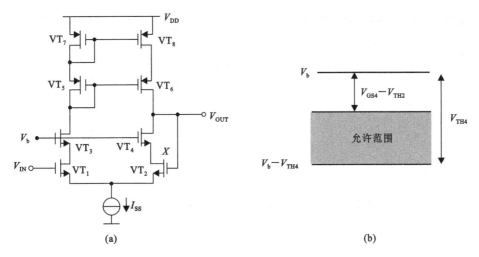

(a)   (b)

图 3-27　输入与输出短路的共源共栅运算放大器

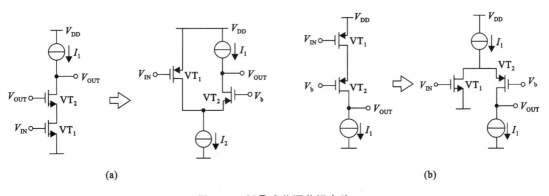

(a)   (b)

图 3-28　折叠式共源共栅电路

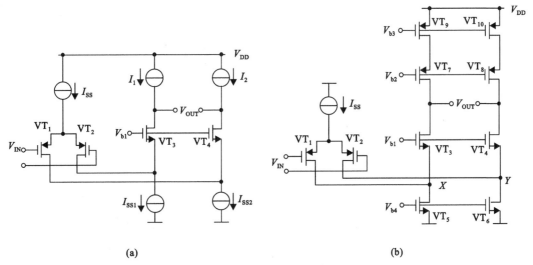

(a)   (b)

图 3-29　折叠式共源共栅放大器

（a）折叠式共源共栅放大器结构；（b）PMOS 负载的折叠共源共栅放大器结构

适当选取 V_{b1} 和 V_{b2}，摆幅的低端为：$V_{OD3}+V_{OD5}$；高端为：$V_{DD}-(|V_{OD7}|+|V_{OD9}|)$，因此，运算放大器每一边的两峰值之间的摆幅：

$$V_M = V_{DD} - (V_{OD3} + V_{OD5} + |V_{OD7}| + |V_{OD9}|) \tag{3-68}$$

折叠式共源共栅运算放大器小信号电压增益的确定可利用图 3-30 所示的半边电路进行分析计算。可得：

$$|A_V| = G_m R_{out} \tag{3-69}$$

由图 3-29(b)可得：

$$G_m = g_{m1} \tag{3-70}$$

由图 3-31(b)可得：

$$R_{OP} \approx (g_{m7} + g_{mb7}) r_{o7} r_{o9} \tag{3-71}$$

$$R_{OUT} \approx R_{OP} \| [(g_{m3} + g_{mb3}) r_{o3} (r_{o3}) \| r_{o5}] \tag{3-72}$$

由此可得：

$$|A_V| \approx g_{m1} \{ [(g_{m3} + g_{mb3}) r_{o3} (r_{o1} \| r_{o5})] \| [(g_{m7} + g_{mb7}) r_{o7} r_{o9}] \} \tag{3-73}$$

在图 3-32(a)中，总电容为：

$$C_{tot} = C_{GS3} + C_{SB3} + C_{DB1} + C_G \tag{3-74}$$

在图 3-32(b)中，总电容为：

$$C_{tot} = C_{GS3} + C_{SB3} + C_{DB1} + C_G + C_{GD5} + C_{DB5} \tag{3-75}$$

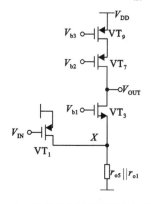

图 3-30 折叠式共源共栅运算放大器的半边电路

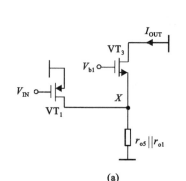
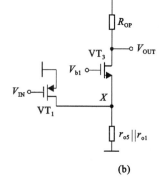

图 3-31 折叠式共源共栅运算放大器半边电路的等效电路

(a) 输出对地短路的等效电路；(b) 输出开路的等效电路

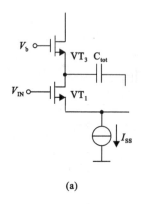

(a)

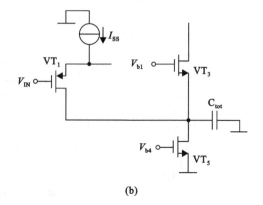

(b)

图 3-32 套筒式和折叠式的共源共栅运算放大器中器件电容对非主极点的影响

3.3 集成运算放大器

从本质上看,集成运算放大器是一种高性能的直接耦合放大电路。尽管品种繁多,内部电路结构也各不相同,但是它们的基本组成部分、结构形式、组成原则基本一致。

集成运算放大器一般有四个组成部分,如图 3-33 所示。在分析集成运算放大器电路时,将电路分为输入级、中间级、输出级、偏置电路四个部分;进而分析每部分电路的结构形式和性能特点;最后分析各部分电路相互之间的联系,从而理解电路如何实现所具有的功能。

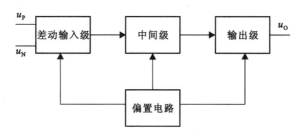

图 3-33 集成运算放大器的一般组成

(1) 输入级

输入级又称前置级,它往往是一个双端输入的高性能差分放大电路。一般要求其输入电阻高,差模放大倍数大,抑制共模信号的能力强,静态电流小。输入级的好坏直接影响集成运算放大器的大多数性能参数,如输入电阻、共模抑制比等。

(2) 中间级

中间级是整个放大电路的主放大器,其作用是使集成运算放大器具有较强的放大能力,多采用共射(或共源)放大电路。而且为了提高电压放大倍数,其经常采用复合管放大管,以恒流源作集电极负载。其电压放大倍数可达千倍以上。

(3) 输出级

输出级应具有输出电压线性范围宽、输出电阻小(即带负载能力强)、非线性失真小等特点。集成运算放大器的输出级多采用互补对称输出电路。

(4) 偏置电路

偏置电路用于设置集成运算放大器各级放大电路的静态工作点。与分立元件不同,集成运算放大器采用电流源电路为各级提供合适的集电极(或发射极、漏极)静态工作电流,从而确定合适的静态工作点。

3.3.1 集成运算放大器的电压传输特性

集成运算放大器的两个输入端分别为同相输入端和反相输入端,这里的“同相”和“反相”是指运放的输入电压与输出电压之间的相位关系。它是一个双端输入、单端输出、具有高差模放大倍数、高输入电阻、低输出电阻、能较好地抑制温漂的差动放大电路。

输出电压 u_O 与输入电压之间的关系曲线称为电压传输特性,即:

$$u_O = f(u_P - u_N) \tag{3-76}$$

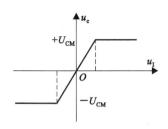

图 3-34 集成运算放大器的电压传输特性

对于正、负两路电源供电的集成运算放大器,电压传输特性如图 3-34 所示。集成运算放大器有线性放大区域(称为线性区)和饱和区域(称为非线性区)两部分。在线性区,曲线的斜率为电压放大倍数;在非线性区,输出电压只有两种可能的情况,$+U_{CM}$ 或 $-U_{CM}$。

由于集成运算放大器放大的对象是差模信号,而且没有通过外电路引入反馈,故称其电压放大倍数为差模开环放大倍数,记作 A_{od},因而当集成运算放大器工作在线性区时:

$$u_O = A_{od}(u_P - u_N) \tag{3-77}$$

通常 A_{od} 非常高,可达几十万倍,因此集成运算放大器电压传输特性中的线性区非常窄。如果输出电压的最大值 $\pm U_{CM} = \pm 14\ V$,$A_{od} = 5 \times 105$,那么只有当 $|u_P - u_N| < 28\ \mu V$ 时,电路才工作在线性区。换言之,若 $|u_P - u_N| > 28\ \mu V$,则集成运算放大器进入非线性区,因而输出电压 u_O 不是 $+14\ V$,就是 $-14\ V$。

3.3.2 两级运算放大器

图 3-35 所示的两级运算放大器电路是由 $VT_1 \sim VT_8$ 组成,每一级都是由一对偏置固定的负载管和差分放大管组成。其中,$VT_1 \sim VT_4$ 组成第一级放大,VT_1、VT_2 为放大管,VT_3、VT_4 为负载管,恒流源作为共模反馈电路有利于提高共模抑制比;$VT_5 \sim VT_8$ 组成第二级放大,VT_5、VT_6 为放大管,VT_7、VT_8 为负载管。

第一级增益为:

$$A_{V_1} = g_{m1,2}\frac{r_{o1,2} \cdot r_{o3,4}}{r_{o1,2} + r_{o3,4}} \tag{3-78}$$

第二级增益为:

$$A_{V_2} = g_{m5,6}\frac{r_{o5,6} \cdot r_{o7,8}}{r_{o5,6} + r_{o7,8}} \tag{3-79}$$

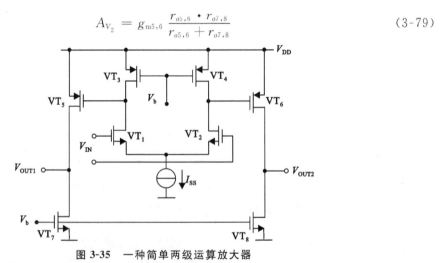

图 3-35 一种简单两级运算放大器

因此,总的增益与一个共源共栅运算放大器的增益差不多,但 V_{OUT1} 和 V_{OUT2} 的摆幅等于 $V_{DD} - |V_{OD5,6}| - V_{OD7,8}$。

两级运算放大器也可提供单端输出。方法是把两个输出级的差动电流转换成单端电压,如图 3-36 所示。

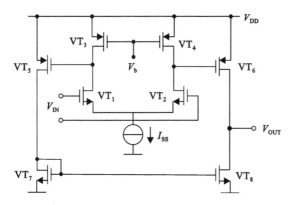

图 3-36 单端输出的两级运算放大器

这种方法维持了第一级的差动特性,仅仅利用 VT_7、VT_8 电流镜产生单端输出。

为了获得高增益,第一级可插入共源共栅器件,如图 3-37 所示

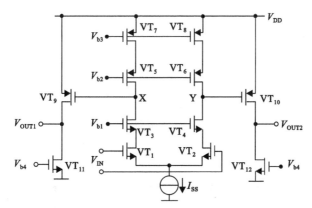

图 3-37 采用共源共栅的两级运算放大器

其增益为:

$$|A_V| = \{g_{m1,2}[(g_{m3,4} + g_{mb3,4})r_{o3,4}r_{o1,2}] \| [(g_{m5,6} + g_{mb5,6})r_{o5,6}r_{o7,8}]\} \times$$
$$[g_{m9,10}r_{o9,10}(r_{o9,10} \| r_{o11,12})] \tag{3-80}$$

3.3.3 典型集成运算放大电路举例

1. F007 双极型集成运算放大器

F007 属第二代集成运算放大器,它的电路特点是采用了有源集电极负载、电压放大倍数高、输入电阻高、共模电压范围大、校正简便、输出有过流保护等。它的原理电路如图 3-38 所示。

基本电路结构包括偏置电路、输入级、中间级和输出级四部分。

（1）偏置电路

偏置电路的作用是向各级放大电路提供合适的偏置电流,决定各级的静态工作点。如图 3-39 所示,F007 的偏置电路由 $VT_8 \sim VT_{13}$ 组成。基准电流由 VT_{12}、R_5、VT_{11} 和电源 E_C（15 V）、E_E（-15 V）决定。VT_{10}、VT_{11} 和 R_4 组成微电流源电路,提供输入级所要求的微小而

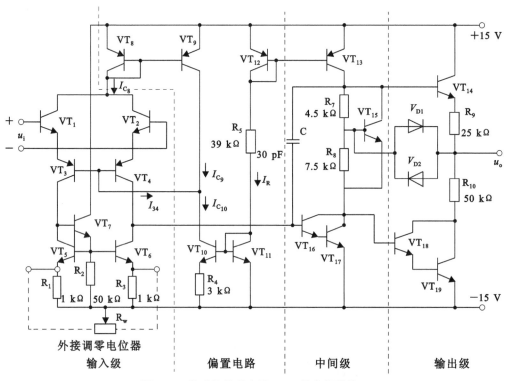

图 3-38　集成运算放大器 F007 的内部结构

又十分稳定的偏置电流,并提供 VT_9 所需的集电极电流,即 $I_{C_{10}} = I_{C_9} + 2I_{B_3}$;$VT_8$ 与 VT_9 组成镜像恒流源电路,提供 VT_1、VT_2 的集电极电流,即 $I_{C_1} + I_{C_2} = I_{C_9}$,$VT_{12}$ 与 VT_{13} 组成镜像恒流源电路,提供中间级 VT_{16}、VT_{17} 的静态工作电流,并充当其有源负载。

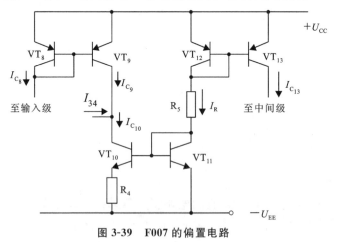

图 3-39　F007 的偏置电路

（2）输入级

输入级对集成运算放大器的多项技术指标起着决定性的作用。它的电路形式几乎都采用各种各样的差动放大电路,以发挥集成电路制造工艺上的优势。如图 3-40 所示,F007 的输入级电路是由 $VT_1 \sim VT_7$ 组成的带有恒流源及有源负载的差动放大电路。有源负载是由 VT_5、VT_6、VT_7 及 R_1、R_2、R_3 组成的改进型镜像恒流源电路。用它作差动放大电路的有源负载,不仅可以提高电压放大倍数,还能在保持电压放大倍数不变的条件下,将双端输出转化为单端输出。$VT_1 \sim VT_4$ 组成共集-共基型差动放大电路。其中,VT_1、VT_2 接成共集电极形式,可以提高电路的输入阻抗,同时由于 $U_{C_1} = U_{C_2} = E_C - U_{BE8}$,因而共模信号正向界限接近 E_C,即提高了共模信号的输入范围;VT_3、VT_4 组成共基极电路,具有较好的频率特性,同时能完成电位移动功能,使输入级的输出直流电位低于输入直流电位,这样后级就可直接接 NPN 管;由于 PNP 管的发射结击穿电压很高,这种差动放大电路的差模输入电压也很高,可达 30 V 以上,此外,共基极电路输入电阻较小,而输出电阻较大,有利于接有源负载,并起到将负载与 NPN 管隔离开的作用。

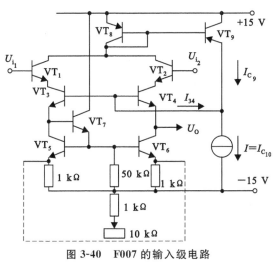

图 3-40　F007 的输入级电路

（3）中间级

中间级电路的主要任务是提供足够大的电压放大倍数,并向输出级提供较大的推动电流,有时还要完成双端输出变单端输出、电位移动等功能。如图 3-41 所示,F007 的中间级是由复合管 VT_{16}、VT_{17} 和电阻 R_6 组成的共发射极放大电路,VT_{12}、VT_{13} 组成的镜像恒流源作为它的有源负载,因而可以获得很高的电压放大倍数。R_6 起电流负反馈作用,可以改善放大特性。

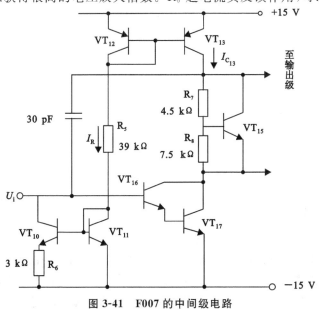

图 3-41　F007 的中间级电路

（4）输出级

输出级的作用是向负载输出足够大的电流，要求它的输出电阻要小，并应有过载保护措施。输出级大都采用互补对称输出级，两管轮流工作，且每个管于导电时均使电路工作在射极输出状态，故带负载能力较强。F007 输出级采用的就是由 VT_{14} 和复合管 VT_{18}、VT_{19} 组成的互补对称电路。R_7、R_8 和 VT_{15} 组成电压并联负反馈偏置电路，使 VT_{15} 的 c、e 两端具有恒压特性，为互补管提供合适而稳定的偏压，以消除交越失真。VD_1、VD_2 和 R_9、R_{10} 组成过载保护电路，正常工作时，R_9、R_{10} 上的压降较小，VD_1、VD_2 均处于截止状态，即保护电路处于断开状态，一旦因某种原因而过载，VT_{14} 及复合管的电流超过了额定值，则 R_9、R_{10} 上的压降明显增大，VD_1、VD_2 将导通，从而对 VT_{14} 和 VT_{15} 的基极电流进行分流，限制了输出电流的增加，保护了输出管。

集成运算放大器的新产品不断出现，它们的性能更加优越，除通用型集成运算放大器外，还出现了一些专用型集成运算放大器。

2. C14573 CMOS 型集成运算放大器

C14573 是由 CMOS 场效应管组成的集成运算放大器电路。由于采用 N 沟道与 P 沟道互补的场效应管，故称为 CMOS（即互补 MOS）型。与双极型晶体管组成的集成运算放大器相比，CMOS 型集成运算放大器具有输入电阻高、集成度高、电源适用范围广等特点。C14573 是四个运算放大器制作在同一块基片上并封装成一个器件，他们具有相同的温度系数，可以很方便地进行补偿而组成性能较好的电路。

图 3-42 所示为 C14573 中一个运算放大器的原理电路。下面结合此电路进行分析。

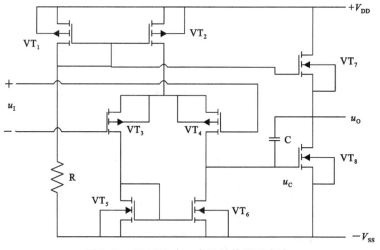

图 3-42　C14573 中一个运放的原理电路

（1）电路组成

根据与晶体管的对应关系可看出，这是两级放大电路，全部都是增强型 MOS 管。第一级是由 VT_3、VT_4（P 沟道管）组成的共源差动放大电路。VT_5 和 VT_6（N 沟道管）构成的电流镜作为有源负载。VT_2 作为电流源提供偏置电流。第二级是由 VT_8 组成的带有源负载（VT_7）的共源放大电路。VT_2 和 VT_7 的电流由 VT_1 确定，这是一个多路电流源电路，VT_1 的电流大小是通过外接电阻 R 确定的。电容 C 与 F007 中的 C 作用一样，也是起相位补偿作用的。V_{DD} 与 V_{SS} 为直流电源，其差值要求不大于 15 V，不小于 5 V，可以是单电源供电（正或负），也可以正负电源不对称。但要注意，输出电压的范围将随电源的选择而改变。

（2）工作原理

确定电路的静态电流只需先确定流过 VT_1 的电流 I_R，其他的电流则可随之而定了。设 VT_1 的开启电压为 U_{GS}，则

$$I_R = \frac{V_{DD} - V_{SS} - U_{GS1}}{R} \tag{3-81}$$

比例电流源电路输出电流及各放大管电流：

$$I_{D2} = I_R \frac{\frac{W_2}{L_2}}{\frac{W_1}{L_1}} \tag{3-82}$$

$$I_{D7} = I_R \frac{\frac{W_7}{L_7}}{\frac{W_1}{L_1}} \tag{3-83}$$

$$I_{D3} = I_{D4} = \frac{I_{D2}}{2} \tag{3-84}$$

$$I_{D8} = I_{D7} \tag{3-85}$$

为计算运算放大器空载时电压增益，先求 VT_3、VT_4、VT_8 的跨导和有关管子的电阻：

$$g_{m3} = g_{m4} = \sqrt{2\mu_p C_{0x} \frac{W_3}{L_3} I_{D3}} \tag{3-86}$$

$$g_{m8} = \sqrt{2\mu_n C_{0x} \frac{W_8}{L_8} I_{D8}} \tag{3-87}$$

$$r_{ds3} = r_{ds4} = r_{ds6} \approx \frac{1}{\lambda I_{D3}} \tag{3-88}$$

$$r_{ds8} = r_{ds7} \approx \frac{1}{\lambda I_{D3}} \tag{3-89}$$

第一级的差分放大电路的电压增益：

$$A_1 = -g_{m4} \frac{r_{ds4} \cdot r_{ds6}}{r_{ds4} + r_{ds6}} \tag{3-90}$$

第二级的差分放大电路的电压增益：

$$A_2 = -g_{m8} \frac{r_{ds8} \cdot r_{ds7}}{r_{ds8} + r_{ds7}} \tag{3-91}$$

因此，运算放大器空载时电压增益：

$$A_d = A_1 A_2 = \left(-g_{m4} \frac{r_{ds4} \cdot r_{ds6}}{r_{ds4} + r_{ds6}}\right) \left(-g_{m8} \frac{r_{ds8} \cdot r_{ds7}}{r_{ds8} + r_{ds7}}\right) = \frac{1}{4} g_{m4} g_{m8} r_{ds4} r_{ds8} \tag{3-92}$$

思考题与习题

3.1　对于题图 3-1 所示的 CMOS 共源放大器，当增益不够大时，应如何调整电路的设计参数（器件尺寸、偏置电压），才能达到要求？试举出三种以上方法。

3.2　在 COMS 放大电路和电流源电路中，共源共栅结构被广泛采用，试说明原因。

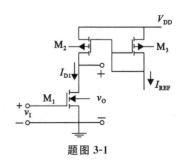

题图 3-1

3.3 常用的有源负载有哪些结构？不同结构的放大电路对有源负载的要求是否相同？为什么？

3.4 差分放大电路的非理想对称性对电路的性能有什么影响？在电路设计中如何减小这种影响？

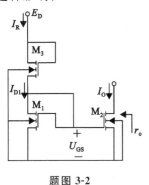

题图 3-2

3.5 试说明直接套叠共源共栅结构、折叠共源共栅结构及增益增强结构运算放大器的电路原理与电路特点。

3.6 在运算放大器的设计中为什么需要采用共模负反馈？常用的共模负反馈电路有哪些主要结构？

3.7 在 CMOS 运算放大器中是否可以采用简单的密勒电容补偿？为什么？

3.8 参见题图 3-2 所示的基本电流源电路，已知 $E_e=5$ V，$I_R=1$ mA，$U_{DS1}=3$ V，$U_{DS2}=4$ V，$\lambda_1=1/80$ V^{-1}，$\lambda_2=1/60$ V^{-1}，假设 $W_2/L_2=W_1/L_1$，求 I_O 值。

3.9 参见题图 3-3 所示的 E/E 共源放大电路，设 M_1 的 $W_1/L_1=250/12.7$，M_2 的 $W_2/L_2=13/152$。

（1）若 $\eta_2=g_{mb2}/g_{m2}=0.08$，求放大电路的电压增益；

（2）若忽略衬底调制效应，求放大电路的电压增益。

3.10 参见题图 3-4 所示的 E/D 共源放大电路，设 M_1 的 $W_1/L_1=250/20$，M_2 的 $W_2/L_2=10/13$，$\eta_2=g_{mb2}/g_{m2}=0.08$，求放大电路的电压增益。

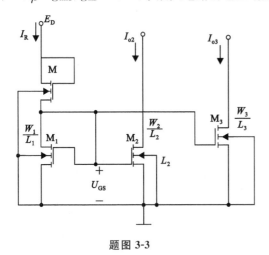

题图 3-3

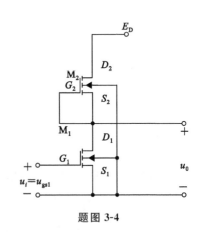

题图 3-4

3.11 题图 3-5 所示为 MC14573 四个运算放大器其中之一的原理图，各管宽长比 W/L 如图所示。设 $E_D=7.5$ V，$-E_S=-7.5$ V，NMOSFET 和 PMOSFET 的开启电压分别为 $U_{GS(TH)}=1.5$ V 和 $U_{GS(off)}=-1$ V，外接电阻 $R_B=280$。运放单元 MOS 管的参数 $\mu_n=600$ cm^2/V·s，$\mu_p=200$ cm^2/V·s，$C_{0x}=3.5\times10^{-8}$ F/cm^2，$\lambda=0.01$ V^{-1}。说明它的工作原理；试计算各管静态工作电流；计算差模电压增益 A_{ud}。

3.12 如题图 3-6 所示电路，设 $E_D=7.5$ V，$-E_S=-7.5$，工艺参数同上题，重复上题的计算要求。

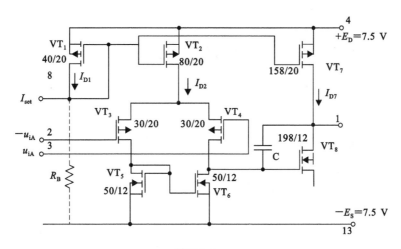

题图 3-5

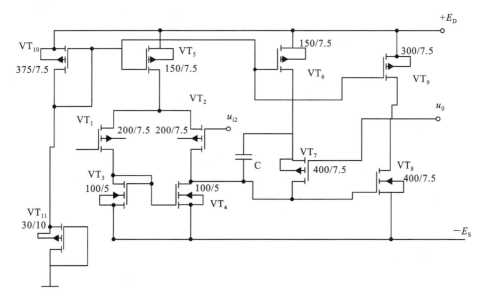

题图 3-6

4 集成模拟乘法器

4.1 模拟乘法器的基本概念与特性

乘法器是一种广泛使用的模拟集成电路,它可以实现乘、除、开方、乘方、调幅等功能,广泛应用于模拟运算、通信、测控系统、电气测量和医疗仪器等许多领域。

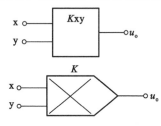

图 4-1 模拟乘法器符号

模拟乘法器是实现两个模拟量相乘功能的器件,理想乘法器的输出电压与同一时刻两个输入电压瞬时值的乘积成正比,而且输入电压的波形、幅度、极性和频率可以是任意的。其符号如图 4-1 所示,K 为乘法器的增益系数。

理想乘法器——对输入电压没有限制。当 $u_x=0$ 或 $u_y=0$ 时,$u_o=0$,输入电压的波形、幅度、极性和频率可以是任意的。

设 u_o 和 u_x、u_y 分别为输出和两路输入:

$$u_o = Ku_xu_y \tag{4-1}$$

其中,K 为比例因子,具有 V^{-1} 的量纲。

实际乘法器——$u_x=0$,$u_y=0$ 时,$u_o=0$,此时的输出电压称为输出失调电压。当 $u_x=0$,$u_y=0$(或 $u_y=0$,$u_x=0$)时,$u_o\neq0$,这是由于 $u_y(u_x)$ 信号直接流通到输出端而形成的,此时的输出电压为 $u_y(u_x)$ 的输出馈通电压。

$$u_o = \beta \frac{R_C}{r_{be}u_x} \tag{4-2}$$

如果用 u_y 去控制 I_E,即 $I_E \propto u_Y$。于是实现这一基本构思的电路如图 4-2 所示。

$$r_{be} = r_{bb'} + (1+\beta)\frac{U_T}{I_{E1}} \approx (1+\beta)\frac{2U_T}{I_{C3}} \tag{4-3}$$

$$u_o = \beta \frac{R_C I_{C3}}{2(1+\beta)U_T}u_x \approx \frac{R_C I_{C3}}{2U_T}u_x \tag{4-4}$$

当 $u_y > u_{BE3}$ 时,$I_{C3} \approx \frac{u_y}{R_E}$,则:

$$u_o = \frac{R_C}{2R_EU_T}u_xu_y \approx Ku_xu_y \tag{4-5}$$

其中,$K = \frac{R_C}{2R_EU_T}$。

在室温下,K 为常数,可见输出电压 u_o 与输入电压 u_y、u_x 的乘积成正比,所以差分放大电路具有乘法功能。但 u_y 必须为正才能正常工作,故为二象限乘法器。当 u_y 较小时,相乘结果误差较大,因 I_{C3} 随 u_y 而变,其比值为电导量,称变跨导乘法器。

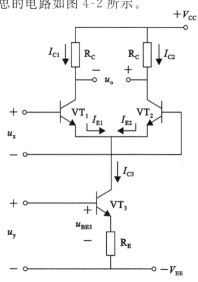

图 4-2 模拟乘法器原理图

4.2 单片集成模拟乘法器

实用变跨导模拟乘法器由两个具有压控电流源的差分电路组成,称为双差分对模拟乘法器,也称为双平衡模拟乘法器。属于这一类的单片集成模拟乘法器有 MC1496、MC1595 等。MC1496 内部电路如图 4-3 所示。

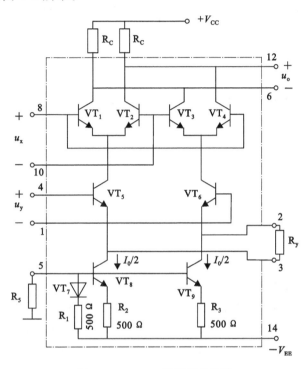

图 4-3   MC1496 型模拟乘法器

VT_1、VT_2、VT_5 构成一个模拟乘法器,VT_3、VT_4、VT_6 构成另一个模拟乘法器,两个乘法器组成具有差分输入结构的乘法器整体;VT_8、VT_9 与 R_5 构成电流源电路,VT_7、R_4、R_5 组成电流源基准,VT_8、VT_9 各提供了 $I_0/2$ 的偏置恒定电流;引入负反馈 R_y 扩大 u_y 的动态范围。u_x、u_y 可正可负,故为四象限乘法器。

模拟乘法器输出为:

$$u_o = \frac{R_C}{R_y U_T} u_x u_y \approx K u_x u_y \tag{4-6}$$

其中,增益系数 $K = \dfrac{R_C}{R_y U_T}$,$u_x < U_T (\approx 26\ \text{mV})$,$-\dfrac{I_0}{2} R_y \leqslant u_y \leqslant \dfrac{1}{2} R_y$。

4.3 集成模拟乘法器的应用

4.3.1 利用乘法器实现振幅调制与混频

有集成模拟乘法器 MC1496/1596 构成的振幅调制电路,可以实现普通调幅或抑制载波的双边带调幅。乘法器实现与振幅调制电路是一样的,不同点主要在于输入信号及输出选频网络不同。如图 4-4 所示。

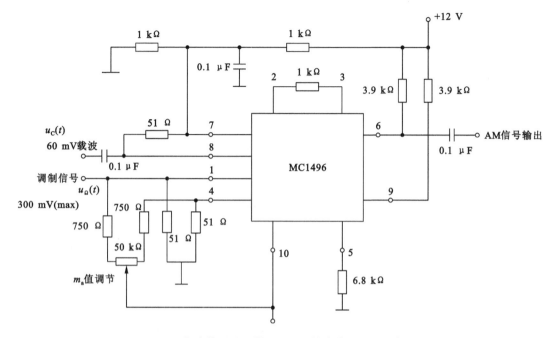

图 4-4 集成模拟乘法器 MC1496 构成的振幅调制电路

X 通道两输入端⑧、⑩脚直流电位均为 6 V,可作为载波输入通道,Y 通道两输入端①、④脚之间有外接调零电路;输出端⑥脚外可接调谐于载频的带通滤波器;②、③脚之间外接 Y 通道负反馈电阻 R_8。若实现普通调幅,可通过调节 10 电位器 R_{P1} 使①脚电位比④脚高 V_y,调制信号 $u_{\Omega(t)}$ 与直流电压 V_y 叠加后输入 Y 通道,调节电位器可改变 V_y 大小,即改变调制指数 m_a;若实现 DSB 调制,通过调节 10 kΩ 电位器 R_{P1} 使①、④脚之间直流电流等电位,即 Y 通道输入信号仅为交流调制信号。为了减小流经电位器的电流,便于调零准确,可加大两个 750 Ω 的电阻阻值,比如各增大 10 kΩ。

MC1496 线性区和饱和区的临界点在 15～20 mV 左右,仅当输入信号电压均小于 26 mV 时,器材才有理想的相乘作用,否则输出电压中会出现较大的非线性误差。显然,输入线性动态范围的上限值太小,不适应实际需要。为此,可在发射极引出端口②脚和③脚之间根据需要接入反馈电阻($R_8 = 1$ kΩ),从而调整(扩大)调制信号的输入线性动态范围,该反馈电阻同时影响调制器增益。增大反馈电阻,会使器件增益下降,但能改善调制信号输入的动态范围。

MC1496 可以采用单电源,也可以采用双电源供电,其直流偏置由外接元器件来实现。

4.3.2 利用乘法器实现同步检波

乘积性型同步检波是直接把本地恢复载波与调幅信号相乘,用低通滤波器滤除无用的高频分量,提取有用的低频信号,它要求恢复载波与发射端的载波同频同相,否则将使恢复的调制信号产生失真。

显然,本例电路的输出电流中,除了解调所需要的是低频分量外,其余所有分量都属于高频范围,很容易滤波,因此不需要载波调零电路,而且可采用单电源供电。本电路可以解调 DSB 或 SSB 信号,亦可解调 AM 信号。MC1496/1596⑩脚输入载波信号,可用大信号输入,一般为 $100\sim500$ mV;①脚输入已调信号,信号电平应使放大器保持在线性工作区内,一般在 100 mV 以下。

4.3.3 利用乘法器实现倍频

如果输出信号频率 f_c 是输入信号频率 f_s 的整数倍,即 $f_c=nf_s(n=1,2,3\cdots)$,则这种频率变换电路称为倍频电路。例如,当 $n=2$ 时,$f_c=2f_s$,称为二倍频电路。

若 $u_c(t)=u_{sm}\cos\omega_c t$,则模拟乘法器的输出电流为:

$$i = ku_c^2(t) = ku_{sm}^2\cos^2\omega_c t = \frac{1}{2}ku_{sm}^2(1+\cos2\omega_c t) \tag{4-7}$$

式中,k 为乘法器的乘积系数。

从式中可以看出乘法器输出电流中包含直流和二倍频分量,通过隔直流电容滤出直流分量,便可在负载上得到二倍频输出,其实现电路可采用调幅电路,将电路的载波输入端口与音频信号输入端口并接后,输入频率为 f_s 的载波信号电压即可构成二倍频电路。

思考题与习题

4.1 请利用交流小信号等效电路分析题图 4-1 所示两象限相乘器的频率特性,其中电流源用电阻和电容器的并联模拟。

4.2 电路如题图 4-2 所示,图中 I_x 是单向输入电流,I_y 是双向输入电流,I_o 是输出电流,e 代表单位发射区面积,$2e$ 代表 2 倍的单位发射区面积。试分析该电路 I_x 与 I_y 和 I_o 的函数关系。

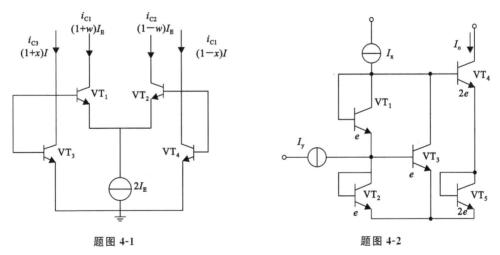

题图 4-1   题图 4-2

4.3 电路如题图 4-3 所示,它由 4 个晶体管组成,并被电压运算放大器广泛用作甲乙类互补输出级。试用 TL 原理分析其工作特性。

4.4 由 TL 环路组成的一象限乘/除法器如题图 4-4 所示。假设 $VT_1\sim VT_4$ 为理想匹配,发射区面积相等,从 VT_1、VT_2 发射极送入输入信号电流 I_z、I_x,从 VT_3 集电极送入输入信号电流 I_y,从 VT_4 集电极取出输出信号电流 I_o。试分析该电路 I_z 与 I_x、I_y 和 I_o 的函数关系。

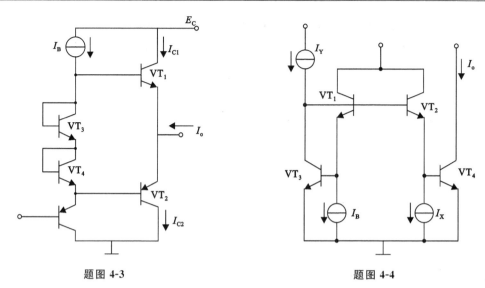

题图 4-3   题图 4-4

4.5   六管四象限电流乘法器单元如题图 4-5 所示。VT_1、VT_2 接成二极管,其发射极的瞬时输入电流分别为 I_{x1}、I_{x2},VT_1、VT_2 的偏置电流之和为 I_A,VT_1、VT_2 的差模输入电流为 $I_x = I_{x1} - I_{x2}$。VT_3 与 VT_4、VT_5 与 VT_6 接成两组共射差分对管形式,VT_3 与 VT_4、VT_5 与 VT_6 两组对管的差模输入电流为 I_y,$I_y = I_{y1} - I_{y2}$。VT_3 与 VT_4 对管的信号电流调制系数为 y_1,VT_5 与 VT_6 对管的信号电流调制系数为 y_2。$VT_3 \sim VT_6$ 的集电极交叉连接后产生电流 I_1、I_2,差模输出电流 $I_o = I_1 - I_2$,其中 I_1、I_2 分别是 VT_3 与 VT_5、VT_4 与 VT_6 的集电极电流之和。试分析该电路 I_o 与 I_x 和 I_y 的函数关系。

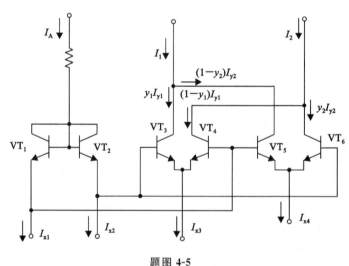

题图 4-5

4.6   一种对称结构的二象限 TL 平方器如题图 4-6 所示。电路由互补对称的输入电流信号驱动,他们是 $(1+x)I$ 和 $(1-x)I$。信号电流调制系数为 x,在 $-1 < x < 1$ 的整个输入范围内,所有晶体管均有效工作。试分析该电路 I_o 与输入电流的函数关系。

4.7   题图 4-7 所示为具有完全对称形式的 TL 矢量电路,图中 I_x、I_y 是单极性输入电流,I_o 是输出电流。假设 $VT_1 \sim VT_7$ 具有相同的发射区面积,则应用 TL 原理写出该电路 I_o 与 I_x 和 I_y 的函数关系。

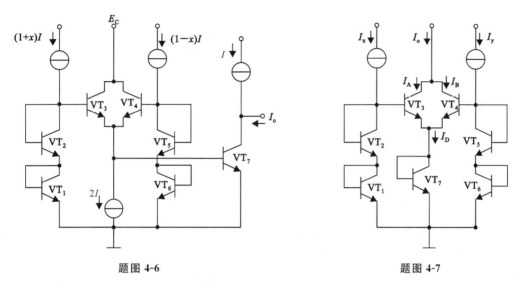

题图 4-6

题图 4-7

4.8 参见题图 4-8 所示电路，若 $R_x = R_y = 5\ \text{k}\Omega$，$I_{ox} = I_{oy} = 1\ \text{mA}$，两路输入信号 $u_x = 2\ \text{V}$，$u_y = 3\ \text{V}$。试求输出电压 u_o 和相乘增益 K。

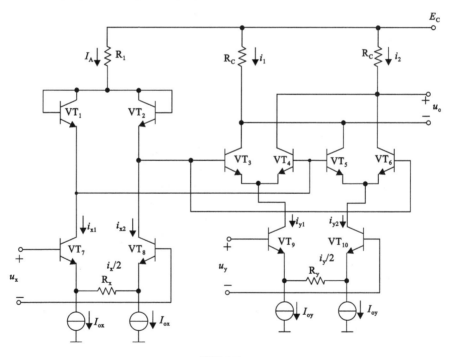

题图 4-8

4.9 试用模拟乘法器和运算放大器构成一个矢量运算电路，即实现 $u_o = K_o \cdot \sqrt{u_x^2 + u_y^2}$ 的运算关系，式中 K_o 为比例系数。要求画出原理电路图，所选用器件可视为理想器件。

5 集成跨导运算放大器

5.1 跨导运算放大器概述

跨导运算放大器,简称 OTA(operational transconductance amplifier),是一种电压输入、电流输出的电子放大器,可分为双极型和 MOS 型两种,它们的功能在本质上是相同的,都是线性电压控制电流源。但是,由于集成工艺和电路设计的不同,它们在性能上有一些不同,相对于双极型跨导运算放大器而言,CMOS 跨导运算放大器的增益值较低,增益可调范围较小,但它的输入阻抗高、功耗低,易与其他电路结合实现 CMOS 集成系统。

5.1.1 OTA 的基本概念

OTA 的电路符号如图 5-1 所示。"一"号代表反相输入端,"十"号代表同相输入端。I_O 是输出电流,I_{abc} 是用于调节 OTA 的外部控制电流。

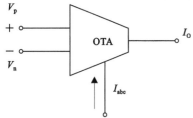

理想 OTA 的传输特性是:

$$I_O = g_m V_{id} = g_m (V_p - V_n) \tag{5-1}$$

其中,V_{id} 是差模电压,V_p、V_n 分别是同相端与反相端电压。g_m 是跨导,它是外部控制电流 I_{abc} 的函数。理想 OTA 的输入和输出阻抗都是无穷大。

图 5-1 OTA 的电路符号

5.1.2 CMOS OTA 基本电路模型及工作原理

CMOS 跨导运算放大器(CMOS OTA)作为一种通用电路单元,在模拟信号处理领域得到广泛应用。CMOS 电路的输入阻抗高,级间连接容易,又特别适用于大规模集成,因而 CMOS OTA 在集成电路,特别是在集成系统中的位置远比双极型 OTA 重要。

CMOS OTA 的结构框图如图 5-2 所示。

由图 5-2 可知,CMOS OTA 的结构由差动式跨导输入级和 $M_1 \sim M_4$ 四个电流镜组成。差动式输入级将输入电压信号变换为电流信号,完成跨导型增益作用;电流镜 $M_1 \sim M_3$ 将双端输出的电流变换为单端输出电流;电流镜 M_4 将外加偏置电流 I_B 传输到输入级作尾电流,并控制放大器的增益值。在上述四个电流镜中,M_1、M_2 为 P 沟道,M_3、M_4 为 N 沟道。

输出电流 I_O 由下列方程式给出:

$$I_O = m_2 I_2 - m_1 m_3 I_1 \tag{5-2}$$

式中,m_1、m_2、m_3 分别为三个电流镜 M_1、M_2、M_3 的电流传输比,如果取 $m_1 m_3 = m_2 = m$,则输出电流 I_O 为:

$$I_O = m(I_2 - I_1) \tag{5-3}$$

若差动式跨导输入级的增益为 g_m,则跨导运算放大器的输出电流与输入电压关系式为:

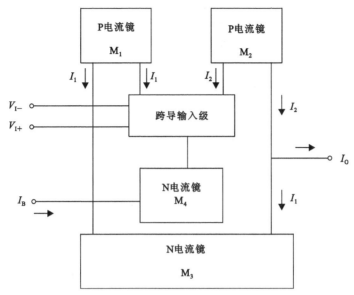

图 5-2 CMOS OTA 的结构框图

$$I_O = mg_m(V_{I_+} - V_{I_-}) = G_m(V_{I_+} - V_{I_-}) \tag{5-4}$$

$$G_m = mg_m \tag{5-5}$$

式中,G_m 是跨导运算放大器增益。

在 CMOS 跨导运算放大器的电路结构中,差动式跨导输入级是结构的核心部分,也是传输特性非线性误差的主要来源,对跨导运算放大器的性能改善,主要是改善跨导输入级的线性范围和线性程度。如果跨导运算放大器的增益不是由电流控制,而是由电压控制,即可删去图 5-2 中的电流镜 M_4,并在相应位置加入电压控制信号。

由图 5-2 所示的结构框图看出,CMOS 跨导运算放大器包含的基本电路是差动式跨导输入级和电流镜。在跨导输入级中,有基本型源耦差分电路和各种改进型电路,在电流镜电路中,主要有基本电流镜、威尔逊电流镜和共源共栅电流镜。

5.2 CMOS 跨导运算放大器

5.2.1 基本 CMOS 跨导运算放大器电路

基本 CMOS OTA 的电路图如图 5-3 所示。

差分对管 M_1、M_2 和电流镜 M_3、M_4 组成跨导输入级,其输入是电压,输出是电流,跨导由外控电流 I_{abc} 控制。M_9 和 M_{10} 组成电流镜,把 M_2 的电流镜像地映射到输出端。$M_5 \sim M_8$ 组成两个电流镜,把 M_1 的电流镜像地映射到输出端。输出电流等于 M_1 和 M_2 的漏极电流之差。

5.2.2 大线性范围的宽带 CMOS OTA 电路模型及其仿真

1. MOS 管组合的线性单元

K. Bult 提出了一种二管组合线性单元,如图 5-4(a)所示。

图 5-4 中 M_1 与 M_2 有相同的 K 及 V_T 值,栅源电压 V_A 和 V_B 之和保持为常数 V_C。

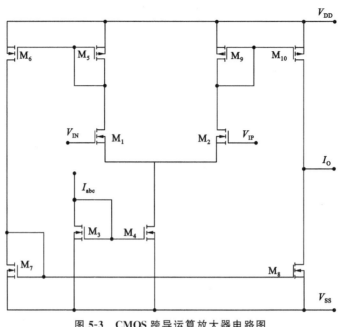

图 5-3 CMOS 跨导运算放大器电路图

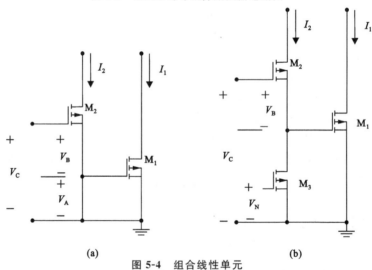

(a)		(b)

图 5-4 组合线性单元

(a) 二管单元；(b) 三管单元

$$V_C = V_A + V_B \tag{5-6}$$

根据 MOS 管在饱和区的电流方程式，可以写出：

$$I_1 = K(V_A - V_T)^2 \tag{5-7}$$

$$I_2 = K(V_B - V_T)^2 \tag{5-8}$$

其中，$K = \dfrac{K'W}{2L}$。

由式(5-6)~式(5-8)，可以解出两管电流之差为：

$$I_2 - I_1 = K(V_C - 2V_T)(V_B - V_A) \tag{5-9}$$

式(5-9)表明，在 V_C 是常数的条件下，二管电流之差与 $(V_B - V_A)$ 呈线性关系，由于

$$V_B - V_A = 2V_B - V_C = V_C - 2V_A \tag{5-10}$$

因此，在 V_C 保持常数的条件下，二管电流之差同样与 V_B 或 V_A 呈线性关系。

利用图 5-4(a)所示的二管单元，可以构成三管线性 $V\text{-}I$ 变换单元，如图 5-4(b)所示。图中 M_1、M_2 组成上述二管单元，新增加的 M_3 与 M_2 参数相等，M_3 电流由 V_N 调节，M_3 与 M_2 串联，其栅源电压相等，即 $V_B=V_N$。由式(5-9)和式(5-10)可以写出：

$$I_2 - I_1 = K(V_C - 2V_T)(2V_N - V_C) \tag{5-11}$$

式(5-11)表明，M_1 与 M_2 二管电流之差与 V_N 呈线性关系。因此，图 5-4(b)是一种线性 $V\text{-}I$ 变换单元，为使 MOS 管开启并工作在饱和区，V_N 与 V_C 的数值应分别满足：

$$V_T < V_N < \frac{V_C + V_T}{2} \tag{5-12}$$

$$V_C > 2V_T \tag{5-13}$$

2.基于组合线性单元的 OTA 结构

在图 5-4(b)中，虽然实现了线性 $V\text{-}I$ 变换，但尚不能作为跨导型运算放大器，因为其输入信号不能浮地，信号的直流电平直接影响电路的偏置。跨导型运放结构应能满足下列基本要求：对单浮地输入信号作正常放大；对双共地输入信号作差动放大，且有共模抑制能力；双端输入、单端输出；独立偏置且不受信号大小影响。

采用图 5-4(b)所示的三管线性单元，设计一种新型的跨导运放，基本结构如图 5-5(a)所示。

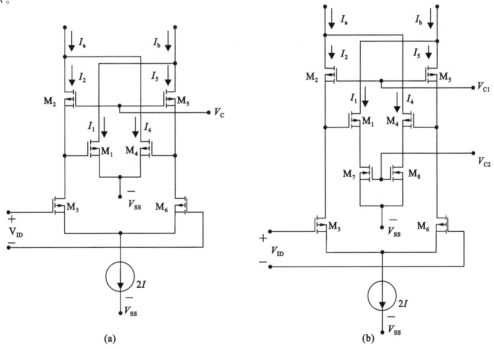

图 5-5 基于组合单元的跨导运放结构
(a) 基本结构；(b) 改进结构

该结构的主要特征是：M_1、M_2、M_3 与 M_4、M_5、M_6 分别组成三管线性 $V\text{-}I$ 变换单元，形成左右对称结构。M_1、M_2 与 M_4、M_5 的输出电流先作交叉叠加，后取差值输出。M_3、M_6 组成基本源耦差分对，并用恒定尾电流偏置，提高共模抑制能力。

分析图 5-5(a)所示电路的电流-电压传输特性，该电路中的 MOS 管均具有相同的 K、V_T

值,可以写出下列方程:

$$I_a = I_2 + I_4 \tag{5-14}$$

$$I_b = I_5 + I_1 \tag{5-15}$$

取 I_a 与 I_b 之差作输出电流 I_O,即:

$$I_O = I_a - I_b = (I_2 - I_1) - (I_5 - I_4) \tag{5-16}$$

V_{ID} 是差模输入电压,对 M_3、M_6 形成大小相等、极性相反的栅源信号电压,即:

$$V_{gs3} = -V_{gs6} = \frac{1}{2}V_{id} \tag{5-17}$$

联立上述公式,可得:

$$I_O = I_a - I_b = 2K(V_c - V_{ss} - 2V_T)V_{id} \tag{5-18}$$

结果表明,输出电流与差模输入电压呈线性关系,增益 g_m 可以由 V_C 加以调节。

在图 5-5 (b)中,增加 P 沟道 MOS 管 M_7、M_8 及可控电压 V_{C2}。M_1 与 M_7、M_4 与 M_8 分别构成 CMOS 对管,其等效栅源电压由 V_{C1} 和 V_{C2} 之差决定,由于 V_{C2} 仅与 M_7、M_8 的栅极相连,不提供电流,稳定性好,提高了 g_m 的压控调节精度。

3. 一种大线性范围的 CMOS OTA 整体电路

CMOS 高线性度压控跨导运算放大器电路如图 5-6 所示。

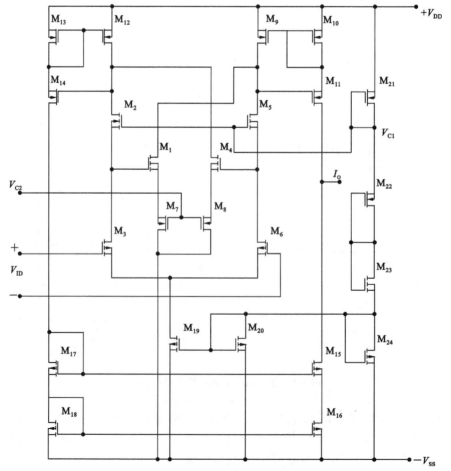

图 5-6　CMOS 高线性度压控跨导运算放大器电路

在电路中，M_1、M_2、M_3 与 M_4、M_5、M_6 分别组成三极管 $V\text{-}I$ 变换单元，形成左右对称结构。M_1、M_2 与 M_4、M_5 的输出电流先作交叉叠加，后取差值输出。M_3、M_6 组成基本源耦差对，并用恒定尾电流偏置，提高共模抑制能力。M_1 与 M_7、M_4 与 M_8 分别构成 CMOS 对管，其等效栅-源电压由 V_{C1} 与 V_{C2} 之差决定。V_{C2} 仅与 M_7、M_8 相连，不提供电流，稳定性好，提高了 g_m 的压控调节精度。$M_9 \sim M_{18}$ 组成三个电流镜，$M_{19} \sim M_{20}$ 组成基本电流镜，传送偏置尾电流，$M_{21} \sim M_{24}$ 组成电压偏置电路，所有晶体管的衬底与源极连接，利用 V_{C2} 作增益控制电压。

5.3　跨导运算放大器的基本应用电路

5.3.1　放大器

放大器在模拟电路中占有特别重要的地位，一方面，在实际生活中有许多微弱信号需要放大，如卫星发来的图像信号；另一方面，放大器是滤波器、振荡器等各种模拟电路的关键组成部分。广义来讲，放大器可分为电压放大器、电流放大器、跨导放大器和跨阻放大器四种，它们分别与电压控制电压源（VCVS）、电流控制电压源（CCCS）、电压控制电流源（VCCS）和电流控制电压源（CCVS）相对，故用 OTA 同样可以构成四种放大器。图 5-7 所示为增益可控电压反相放大器和增益可控电压同相放大器两种放大器电路。

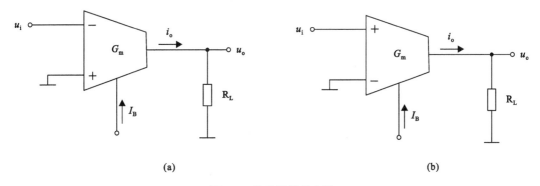

图 5-7　跨导运算放大器

（a）反相放大器；（b）同相放大器

对于图 5-7（a）所示的反相放大器，输出电压和电压增益分别为：

$$u_o = -G_m u_i R_L \tag{5-19}$$

$$A_V = \frac{u_o}{u_i} = -G_m R_L \tag{5-20}$$

对于图 5-7（b）所示的同相放大器，输出电压和电压增益分别为：

$$u_o = G_m u_i R_L \tag{5-21}$$

$$A_V = \frac{u_o}{u_i} = G_m R_L \tag{5-22}$$

上列式子表明，电压增益与 G_m 成正比。对双极型 OTA，G_m 与偏置电流 I_B 成正比，因此，电压增益可经外偏置电流作线性调节。由于式（5-20）和式（5-22）仅"＋""－"号不同，电压增益的绝对值相等。若将两个输入信号电压分别作用于 OTA 的同相及反相输入端，则可方便实现差动式放大器。理想条件下，基本放大器的输出电阻为 R_L，带宽 B_w 为无穷大。

5.3.2　加法器

加法器又叫作求和电路,将多个 OTA 的输出端并联,使它们的输出电流相加并在一个负载电阻上形成输出电压,便可构成对多个电压输入信号做加法运算的电路。在图 5-8(a)所示电路中,用无源电阻 R_L 作负载,输出电压为:

$$u_o = (G_{m1}u_{i1} + G_{m2}u_{i2} + \cdots + G_{mn}u_{in})R_L \tag{5-23}$$

若满足 $G_{m1} = G_{m2} = \cdots = G_{mn} = 1/R_L$,则输出电压为:

$$u_o = u_{i1} + u_{i2} + \cdots + u_{in} \tag{5-24}$$

在图 5-8(b)所示电路中,用 OTA 接地模拟电阻 $1/G_{mr}$ 作负载,输出电压为:

$$u_o = (G_{m1}u_{i1} + G_{m2}u_{i2} + \cdots + G_{mn}V_{in})\frac{1}{G_{mr}} \tag{5-25}$$

若满足 $G_{m1} = G_{m2} = \cdots = G_{mn} = G_{mr}$,则输出电压为:

$$u_o = u_{i1} + u_{i2} + \cdots + u_{in} \tag{5-26}$$

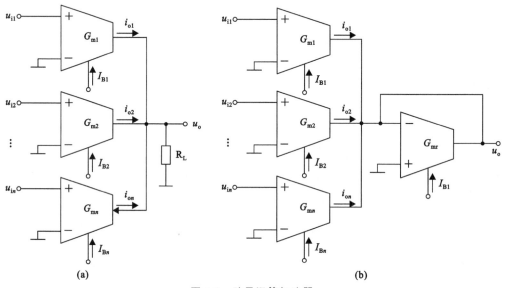

图 5-8　跨导运算加法器

(a) R_L 作为负载的加法器;(b) $1/G_{mr}$ 同相放大器作为负载的加法器

5.3.3　积分器

积分电路在波形发生器、波形变换、延时、滤波器的综合等方面应用很广。

1. 电压积分器

在 OTA 的输出端并联一个电容作负载,输出电压是输入电压的积分值,构成理想积分器。选用不同的输入方式,可使积分器的输出与输入之间成同相、反相和差动关系。其电路分别如图 5-9(a)、(b)、(c)所示。

对于图 5-9(a)、(b)、(c)所示的电路,他们的电压传输函数分别为:

$$\frac{V_o}{V_i} = \frac{G}{SC} \tag{5-27}$$

$$\frac{V_o}{V_i} = \frac{G}{SC} \tag{5-28}$$

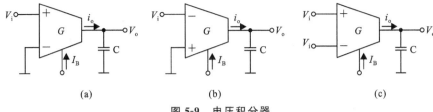

图 5-9 电压积分器

(a) 同相积分器;(b) 反相积分器;(c) 差动积分器

$$\frac{V_o}{V_1 - V_2} = \frac{G}{SC} \tag{5-29}$$

2. 电流积分器

将输出端的负载电容改接到 OTA 的输入端,则可构成电流模式积分器,如图 5-10(a)、(b)、(c)所示,它们的输入信号和输出信号都是电流。

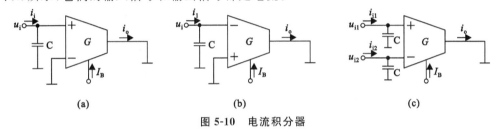

图 5-10 电流积分器

(a) 同相积分器;(b) 反相积分器;(c) 差分积分器

对于图 5-10(a)、(b)、(c)所示的电路,他们的电流传输函数分别为:

$$\frac{i_o}{i_i} = -\frac{G}{SC} \tag{5-30}$$

$$\frac{i_o}{i_i} = -\frac{G}{SC} \tag{5-31}$$

$$\frac{i_o}{i_{i1} - i_{i2}} = -\frac{G}{SC} \tag{5-32}$$

OTA 积分器的外接元件只需电容,电路简单,容易集成,积分时间常数可调,高频性能好,这些都是它的突出优点,在有源滤波器、正弦振荡器等电路中获得了广泛的应用。

5.3.4 带通滤波器

图 5-11 所示为由三个 OTA、两个电容组成的二端网络,具有带通滤波器的功能,具体分析如下。

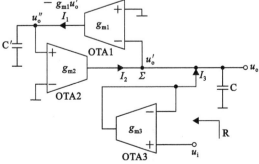

图 5-11 OTA 组成带通滤波器

设 Σ 点电压为 $u_o{}'$，OTA2 的输出电流为 I_2，则：

$$I_2 = g_{m2}U_o'' = g_{m2} \cdot I_1 \cdot \frac{1}{sC'} = g_{m2} \cdot \frac{1}{sC'}(-g_{m1}u_o') \tag{5-33}$$

Σ 点向左看的等效阻抗为：

$$Z_\Sigma = \frac{u_o'}{-I_2} = s\frac{C'}{g_{m1}g_{m2}} = sL_r \tag{5-34}$$

等效电感为：

$$L_r = \frac{C'}{g_{m1}g_{m2}} \tag{5-35}$$

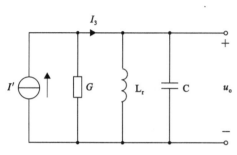

图 5-12　OTA 组成带通滤波器等效电路

又因为

$$I_3 = g_{m3}(u_i - u_o) = g_{m3}u_i - g_{m3}u_o \tag{5-36}$$

可见，OTA3 可等效为一个电流源和一个电导，即：

$$I' = g_{m3}u_i \tag{5-37}$$

$$G = g_{m3} \tag{5-38}$$

由式(5-35)～式(5-38)可得图 5-11 所示带通滤波器的等效电路如图 5-12 所示。

思考题与习题

5.1　根据题图 5-1 所示的基本型 OTA 的电路，推导出电路的输出电流 i_o 与差模输入电压 u_{id} 的关系式。

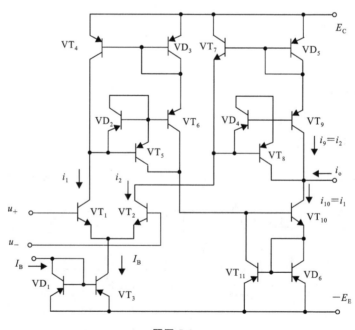

题图 5-1

5.2 题图 5-2 所示为一种改进双极型 OTA 的电路,根据跨导线性原理,试推导出电路的输出电流 i_o 与差模输入电压 u_{id} 的关系式。

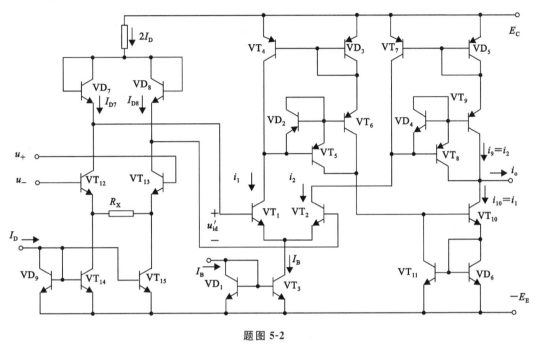

题图 5-2

5.3 题图 5-3 所示为辅助源耦对 CMOS 跨导运算放大器,分析其基本原理,试推导出电路的输出电流 i_o 与差模输入电压 u_{id} 的关系式。

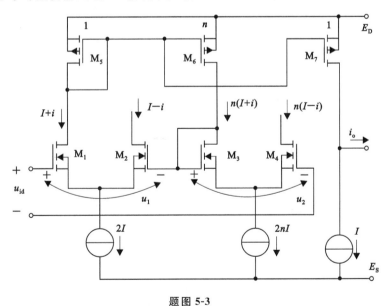

题图 5-3

5.4 题图 5-4 所示为一种交叉耦合差动式 CMOS 跨导放大级,分析其基本原理,试推导出电路的输出电流 i_o 与差模输入电压 u_{id} 的关系式。

5.5 题图 5-5 所示为 CMOS 对管交叉耦合跨导放大器,分析其基本原理,试推导出电路的输出电流 i_o 与差模输入电压 u_{id} 的关系式。

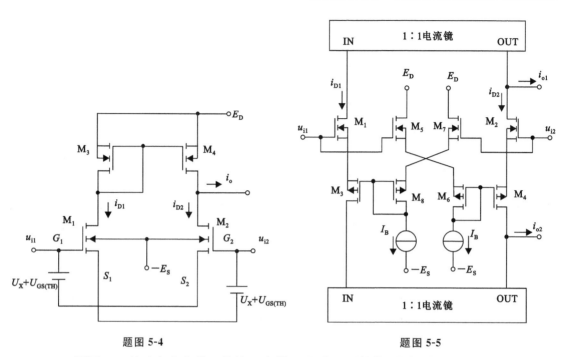

题图 5-4
题图 5-5

5.6 题图 5-6 所示电路为基于线性组合单元的跨导器结构,分析其基本原理,试推导出电路的输出电流 i_o 与差模输入电压 u_{id} 的关系式。

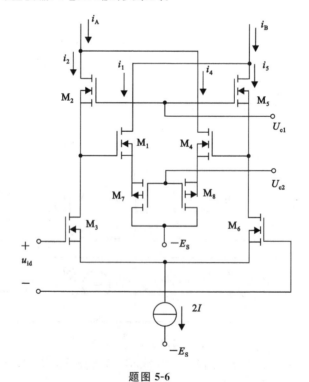

题图 5-6

5.7 题图 5-7 所示为用三个 OTA 构成的浮地回转器电路。设 $G_{m2} = G_{m3} = G_m$,试求两输入端之间的等效输入阻抗 Z_i 的表达式。

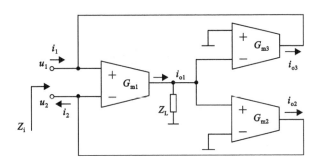

题图 5-7

5.8　用 OTA 构成的接地 FDNR(频变负电阻)电路如题图 5-8 所示,试求两输入端之间的等效输入阻抗 Z_i 的表达式。

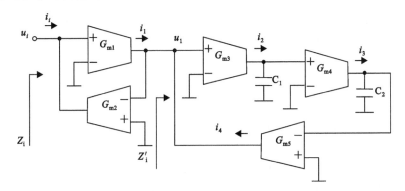

题图 5-8

5.9　题图 5-9 所示为一阶低通 OTA-C 滤波器,试写出电路电压传输函数的表达式。

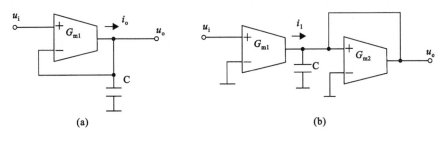

(a)　　　　　　　　　　　　　　　(b)

题图 5-9

6 电流模电路

6.1 电流模的概念

电流模(电流型)电路是以电流为参量处理模拟信号的电路。严格地讲,输入和输出信号均为电流,整个电路中除含有晶体管结电压以外,再无其他电压参量的电路,称之为电流模电路。电流模电路的主要特点是:频带宽,速度高,动态范围大,非线性失真小,易于实现电流的存储和转移。用电流模方法来处理模拟信号,设计和制作模拟集成电路,近年来发展很快。在高速、宽带线性和非线性模拟集成电路的设计和制作中,电流模方法和原理已经成为重要基础。电流模电路使模拟集成电路与系统发展到了一个新的里程碑。

在以往模拟集成电路的分析、设计和应用中,是用电压作为输入和输出参量,所以在处理任何模拟信号之前,一般都把电流信号转换成电压信号,对电路和系统均是以电压来标示。

用电流模方法和电压模方法处理电路的实际区别仅表现在阻抗的高低上。例如,在各种实际电路中,内阻很小的信号源被视为电压源;内阻很大的信号源被视为电流源;理想的电压放大电路应具有无穷大的输入阻抗和零输出阻抗;理想的电流放大电路应具有零输入阻抗和无穷大的输出阻抗;在很低的阻抗节点上的各电量之间的关系主要表现在电流量的相加减等。

与电压模电路相进行比较,电流模电路的特点和性能优势如下:

① 阻抗要求不同。电压信号和电流信号的实际区别就表现在其阻抗水平高低,实现电压模信号处理还是电流模信号处理,关键要看对电路阻抗的选择。对于电流信号源应该具有高阻抗,电压信号源应该具有低阻抗;电流信号要求低阻抗的负载,电压信号要求高阻抗的负载。这就要求电流模电路的关键节点具有低阻抗、在大摆幅的电流信号下只有小摆幅的电压,电压模电路则反之。

② 速度快,频带宽。在电流模电路中,影响速度和带宽的晶体管极间电容工作在阻抗水平很低的节点上。一方面,这些低阻抗节点上的电压摆幅很小,另一方面,这些节点上的阻容时间常数很小,在大摆幅的电流信号作用下,晶体管极间电容的充放电过程可以很快完成,所以电流模电路大信号下的工作速度可以比电压模电路快得多,这些电容和节点低电阻所决定的极点频率很高,接近晶体管的特征频率。

③ 电源电压低,功耗小。随着集成电路的迅速发展,集成度越来越高,而且器件的尺寸越来越小,不断向深亚微米或更小的特征尺寸发展,按照等比缩小原理,电源电压的降低是必然趋势。同时,减小功耗也是一种必然要求。对于电压模电路,降低电源电压将直接降低信号电压的最大动态范围,对于设计高速的电压模电路也会增加不少困难。而电流模电路可以在 $0.7 \sim 1.5$ V 的电源电压下正常工作,保持电流信号在 nA~mA(甚至在 10 pA~mA)数量级内变化。电流模电路中的最大电流及动态范围受晶体管允许电流的限制,而不受电源电压降低的限制,因而成为当前低压低功耗模拟集成电路发展的趋势。在今后较长的时期,电流模电路必将改变目前电压模电路统治模拟信号处理领域的局面,形成电流模和电压模优势互补、共

存共荣的新格局。

电流模模拟电路与电压模模拟电路一样,也有两种类型,即连续时间的模拟信号处理电路和离散时间采样的模拟信号处理电路。电流模连续时间模拟电路主要包括静态电流镜、跨导线性电路、电流传送器、电流反馈运算放大器、跨导放大器等。电流模离散时间模拟电路主要有动态电流镜和开关电流电路。其中,静态电流镜在集成电路的偏置电路中作了介绍,跨导运算放大器能行使电压模向电流模转换的功能在第 5 章已作了介绍,动态电流镜和开关电流电路将在后续开关电路有关章节中阐述。本章重点是跨导线性电路、电流传送器、电流反馈运算放大器。

6.2 跨导线性的基本概念和跨导线性环路

1. 跨导线性的基本概念

跨导线性(TL)是转移特性具有指数特性器件的一种特殊性质,如双极型器件和工作在亚阈区的 MOSFET。

对于双极型器件(BJT),在 v_{BE} 的作用下,集电极电流 I_c 可表示为:

$$I_c = I_s \cdot \exp \frac{v_{BE}}{U_T} \tag{6-1}$$

其中,$U_T = kT/q$。

对式(6-1)关于 v_{BE} 进行微分求导可得:

$$\frac{\mathrm{d}I_c}{\mathrm{d}v_{BE}} = g_m = \frac{I_c}{U_T} \tag{6-2}$$

式(6-2)表明,理想 BJT 的跨导 g_m 是其集电极静态电流 I_c 的线性函数。

对于工作在亚阈区的 MOSFET,在栅源电压 v_{GS} 的作用下,漏集电极静态电流 I_D 与式(6-1)有同样的表达式形式。同理可得处于亚阈区的 MOSFET 的跨导表达:

$$g_m = \frac{I_D}{nU_T} \tag{6-3}$$

式(6-3)同样表明,工作在亚阈区的 MOSFET 的跨导 g_m 是其漏集电极静态电流 I_D 的线性函数。称式(6-2)、式(6-3)这种特性为跨导线性。

2. 跨导线性环路与跨导线性原理

具有跨导线性特性的电路称为跨导线性电路。其中,仅具有两个或多个发射结构成的闭环跨导线性电路称作跨导线性环路,简称 TL 环路;其余类型的跨导线性电路称作跨导线性网络,简称 TN 电路。

TL 环路由正偏的发射结或二级管组成的闭合环路,其中顺时针方向的正偏结数等于反时针方向的正偏结数,这种环路称为跨导线性环如图 6-1,TL 回路必须满足两个条件:

① 在 TL 回路中必须有偶数个(至少两个)正偏发射结。

② 顺时针方向(CW)排列的正偏结数与反时针方向(CCW)排列的正偏结数目必须相等。

根据基尔霍夫电压定律,结合式(6-2)、式(6-3),沿图 6-1(b)所示 TL 环路一周,各 PN 正偏结的电压之和应为 0,即有:

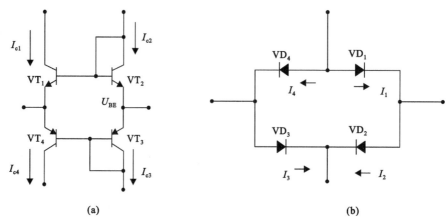

图 6-1 跨导线性环

(a) 实际跨导线性环;(b) 抽取 PN 结跨导线性环

$$\sum_{j=1}^{n} U_{\text{BE}j} = 0 \qquad (6\text{-}4)$$

可有:

$$\sum_{j=1}^{n} U_T \ln \frac{I_{cj}}{I_{sj}} = 0 \qquad (6\text{-}5)$$

因为在环内,顺时针方向(CW)的正偏结数必定等于反时针方向(CCW)的正偏结数,则有:

$$\sum_{\text{cw}} U_T \ln \frac{I_{cj}}{I_{sj}} = \sum_{\text{ccw}} U_T \ln \frac{I_{cj}}{I_{sj}} \qquad (6\text{-}6)$$

利用对数的性质可得:

$$\prod_{\text{cw}} \frac{I_{cj}}{I_{sj}} = \prod_{\text{ccw}} \frac{I_{cj}}{I_{sj}} \qquad (6\text{-}7)$$

若 TL 环路中, I_s 为发射结的反向饱和电流, J_s 是发射结的反向饱和电流密度, A 代表发射结的面积,则第 j 个发射结各参数之间的关系为:

$$I_{sj} = A_j J_{sj} \qquad (6\text{-}8)$$

通常,可认为组成 TL 环路各 BJT 的 J_s 相等,可由式(6-7)、式(6-8)导出有用的理论公式:

$$\prod_{\text{cw}} \frac{I_{cj}}{A_j} = \prod_{\text{ccw}} \frac{I_{cj}}{A_j} \qquad (6\text{-}9)$$

上式中 I_{cj}/A_j 恰好是发射极电流密度,于是就能以最简明、紧凑的形式来表达 TL 回路原理:

$$\prod_{\text{cw}} J_{cj} = \prod_{\text{ccw}} J_{cj} \qquad (6\text{-}10)$$

在含有偶数个正偏发射结,且顺时针方向结的数目与反时针方向结的数目相等的闭环回路中,顺时针方向发射极电流密度积等于反时针方向发射极电流密度之积。此即跨导线性原理。

跨导线性原理是 B. Gilbert 提出的,这个原理可以简化非线性电路的计算。它描述了在一个电路中,一旦出现跨导线性环路,则环路中各晶体管的电流存在着一种约束关系。利用这种约束关系,可将复杂电路的计算变得很简单,而且这一原理将适用于线性或非线性电路,也是电路的小信号与大信号分析可依赖的理论依据。

6.3   由跨导线性环路构成的电流模电路举例

6.3.1   跨导线性环电路分析举例

【例1】   由 TL 环路构成的电路如图 6-2 所示,假设全部管子匹配,且处在放大区,试利用跨导线性原理,列出 $I_{\text{out}(t)}$ 的表达式。

【解】   图中四只晶体管的正偏发射结构成跨导线性环,VT_3、VT_4 为顺时针方向,VT_1、VT_2 为反时针方向,因为有 $I_{C1} = I_{C2} = I_{\text{in}(t)}$,$I_{C3} = I_0$,$I_{C4} = I_{\text{out}(t)}$,根据跨导线性原理可得:

$$I_{C1} \cdot I_{C2} = I_{C3} \cdot I_{C4}$$

则可得:

$$I_{\text{in}}^2(t) = I_0 \cdot I_{\text{out}}(t)$$

因此,

$$I_{\text{out}}(t) = \frac{I_{\text{in}}^2(t)}{I_0} \tag{6-11}$$

这是实现平方运算的基本环。

【例2】   设图 6-3 所示电路中晶体管 $VT_1 \sim VT_4$ 具有相同的发射区面积、相同的结温,试求 i_{c1},i_{c2}。

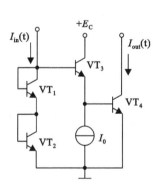

图 6-2   平方运算环路

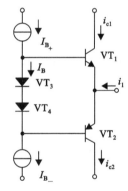

图 6-3   互补推挽电流模单元电路

【解】   工作在同一条件下,则按 TL 环路原理可得:

$$I_B^2 = i_{c1} \cdot i_{c2}$$

当 $i_1 = 0$(静态)时,VT_1、VT_2 的工作状态电流:

$$I_{c1} = I_{c2} = I_{B_+} = I_{B_-} = I_B$$

I_{B_+} 和 I_{B_-} 是 VT_3 和 VT_4 中的偏置电流。

当 $i_1 \neq 0$(动态)时,电路中的电流关系:

$$i_{c2} = i_{c1} + i_1 \quad \text{或} \quad i_{c1} = i_{c2} - i_1$$

可得

$$I_B^2 = i_{c1}(i_{c1} + i_1) \quad \text{或} \quad I_B^2 = i_{c2}(i_{c2} - i_1)$$

因为有 $i_{c1}^2 + i_1 \cdot i_{c1} - I_B^2 = 0$ 或 $i_{c2}^2 - i_1 \cdot i_{c2} - I_B^2 = 0$,可解出:

$$i_{c1} = -\frac{1}{2}i_1 \pm \frac{\sqrt{i_1^2 + 4I_B^2}}{2} = -\frac{1}{2}i_1 \pm I_B\sqrt{\left(\frac{i_1}{2I_B}\right)^2 + 1} \tag{6-12a}$$

$$i_{c2} = \frac{1}{2}i_1 \pm I_B \sqrt{\left(\frac{i_1}{2I_B}\right)^2 + 1} \qquad (6\text{-}12\text{b})$$

如果 $i_1 > 0$，而上式结果中 $i_{c2} < 0$ 的结果是与物理概念不相符的。

即可得：

$$i_{c1} = -\frac{1}{2}i_1 + I_B \sqrt{\left(\frac{i_1}{2I_B}\right)^2 + 1} \qquad (6\text{-}13\text{a})$$

$$i_{c2} = \frac{1}{2}i_1 + I_B \sqrt{\left(\frac{i_1}{2I_B}\right)^2 + 1} \qquad (6\text{-}13\text{b})$$

① 在 $|i_1| \ll I_B$ 条件下，即交流分量 $\ll$ 静态电流，这显然属于甲类工作状态，可以看出：

$$i_{c1} \approx I_B - \frac{1}{2}i_1, \quad i_{c2} \approx I_B + \frac{1}{2}i_1 \qquad (6\text{-}14)$$

故，在 $|i_1| \ll I_B$ 条件下，图 6-3 所示电路工作在甲类状态下。

② 在 $|i_1| \gg I_B$ 条件下，即交流分量 $\gg$ 静态电流，这显然属于甲乙类工作状态，可得：

$$I_B \sqrt{\left(\frac{i_1}{2I_B}\right)^2 + 1} \approx \frac{1}{2}i_1 \qquad (6\text{-}15)$$

因为有：$i_1 > 0$ 时，$i_{c1} \approx 0$，VT_1 截止；$i_{c2} \approx i_1$，VT_2 导通。

$i_1 < 0$ 时，$i_{c1} \approx |i_1|$，VT_1 导通；$i_{c2} \approx 0$，VT_2 截止。

可见在 $|i_1| \gg I_B$ 条件下，图 6-3 所示电路工作在乙类状态，它是 TL 环路构成的甲乙类互补单元。

6.3.2　吉尔伯特(Gilbert)电流增益单元与应用

(1) 一象限乘除器

由 TL 环路构成的一象限乘除器电路如图 6-4 所示，电路中 VT_2、VT_4 发射结串接成顺时针方向，VT_3、VT_1 发射结串接成反时针方向。在 $VT_1 \sim VT_4$ 理想匹配的条件下，根据 TL 环路原理可得：

$$i_z \cdot i_y = i_x \cdot i_o$$

所以，

$$i_o = \frac{i_y \cdot i_z}{i_x} \qquad (6\text{-}16)$$

因图中 i_x、i_y、i_z 均不能为负，故称它为一象限乘除器。

(2) 两象限乘除器

基于 TL 回路的相乘器电路如图 6-5 所示。电路由 VT_1、VT_2、VT_3、VT_4 四个 BJT 构成 TL 回路，其中的 x 和 ω 取值在 $-1 \sim 1$ 之间，即信号变化范围可达偏置电流相同量级，因此电路可工作在大信号。在对温度不敏感、元件具有理想指数特性、零欧姆电阻、无穷电流增益、各元件理想匹配的前提下，它们的集电极电流之间的关系为 $i_{c1} \cdot i_{c4} = i_{c2} \cdot i_{c3}$，假定 $i_{c1} = (1+\omega)I_E$、$i_{c2} = (1-\omega)I_E$、$i_{c3} = (1+x)I$、$i_{c4} = (1-x)I$，可得：

$$(1+\omega)I_E \times (1-x)I = (1-\omega)I_E \times (1+x)I$$

式中，I、I_E 分别是 VT_3、VT_4 和 VT_1、VT_2 的偏置电流。

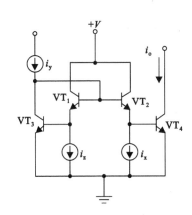

图 6-4　一象限乘除器

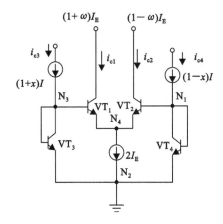

图 6-5　两象限乘除器

在 $\omega = x$ 条件下,电路的差分输出电流表示为:

$$i_{od} = i_{c1} - i_{c2} = (1 + \omega)I_E - (1 - \omega)I_E = 2\omega I_E = 2x I_E \qquad (6\text{-}17)$$

该式表明,差分输出电流与乘积 xL_E 成正比,其中,x 可取 $-1 \sim 1$ 之间的值,I_E 只能为正值,故它是一个两象限乘除器。

此电路的差分输入电流为:

$$i_{id} = i_{c3} - i_{c4} = (1 + x)I - (1 - x)I = 2x I \qquad (6\text{-}18)$$

故该电路的差模电流增益为:

$$A_{id} = \frac{i_{od}}{i_{id}} = \frac{I_E}{I} \qquad (6\text{-}19)$$

可见,差模电流增益取决于两个偏置电流之比,改变此比值即可改变增益,因此,这样的电路也可作为可改变电流增益单元,如图 6-6 所示。

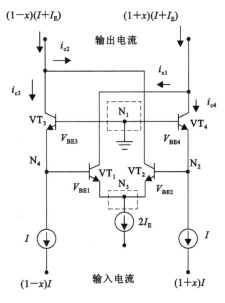

图 6-6　Gilbert 电流增益单元

（3）Gilbert 电流增益单元

因为两对差分对管集电极交叉连接后，总电流是同相相加，即：

$$i_{c3} + i_{c2} = (1-x)(I + I_E) \tag{6-20a}$$

$$i_{c4} + i_{c1} = (1+x)(I + I_E) \tag{6-20b}$$

所以可得差模输入电流：

$$i_{id} = (1-x)I - (1+x)I = -2xI \tag{6-21}$$

而差模输出电流：

$$i_{od} = (1-x)(I + I_E) - (1+x)(I + I_E) = -2x(I + I_E) \tag{6-22}$$

于是可得差模电流增益：

$$A_{id} = \frac{i_{od}}{i_{id}} = \frac{-\partial x(I + I_E)}{-\partial x I} = 1 + \frac{I_E}{I}$$

式中，I 为外围边对管的每管偏置电流，I_E 为内对管的偏置电流，可见，设定 I 和 I_E 即可确定 A_{id}；改变 I 或 I_E 即可改变增益。

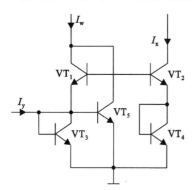

图 6-7　矢量模电路

（4）跨导线性电路实例——矢量模电路

完成矢量模计算的电路如图 6-7 所示。图中，VT_3 和 VT_5 构成电流镜电路 $I_{C3} = I_{C5}$。给定 VT_2 和 VT_4 的发射区面积是 VT_1 和 VT_3 的两倍，则：

$$\frac{I_{C2}}{2} \frac{I_{C4}}{2} = I_{C1} I_{C3}$$

由于 $I_{C2} = I_{C4} = I_x$，因此，

$$I_x^2 = 4 I_{C1} I_{C3} \tag{6-23}$$

又因为，

$$I_{C5} = I_w - I_{C1} = I_w - I_{C3} + I_y$$

$$I_{C3} = \frac{I_w + I_y}{2}, \quad I_{C1} = \frac{I_w - I_y}{2}$$

所以，$I_x^2 = I_w^2 - I_y^2$，由此可得：

$$I_w = \sqrt{I_x^2 + I_y^2} \tag{6-24}$$

此式表明，该电路具有完成计算矢量模的功能。

（5）跨导线性电路实例——电流模积分器

电流模积分器电路如图 6-8 所示，它的输出电流是输入电流的积分，图中各集电极电流关系如下：

$$i_{c1}(t) \cdot i_{c3}(t) = i_{c2}(t) \cdot i_{c4}(t) \tag{6-25}$$

定义这些集电极电流的意义为：$i_{c3}(t)$ 为 i_i、$i_{c1}(t)$ 为 I_0、$i_{c2}(t)$ 为 i_c、$i_{c4}(t)$ 为 i_o，得：

$$i_i(t) \cdot I_0 = i_c(t) \cdot i_o(t)$$

对晶体管 VT_4 而言，

$$i_o(t) = I_s e^{\frac{v_{BE4}(t)}{V_T}} = e^{\frac{1}{C}\int i_c(t)\,dt}{V_T}$$

两边关于 t 求微分得：

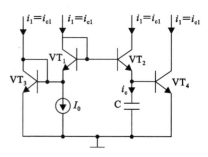

图 6-8　电流模积分器

$$\frac{\mathrm{d}i_\mathrm{o}(t)}{\mathrm{d}t} = i_\mathrm{o}(t)\frac{i_\mathrm{c}(t)}{CV_T}$$

进一步得:

$$i_\mathrm{c}(t)i_\mathrm{o}(t) = CV_T\frac{\mathrm{d}i_\mathrm{o}(t)}{\mathrm{d}t} \tag{6-26}$$

因此,有:

$$i_\mathrm{i}(t)I_0 = i_\mathrm{c}(t)i_\mathrm{o}(t) = CV_T\frac{\mathrm{d}i_\mathrm{o}(t)}{\mathrm{d}t}$$

两边关于 t 求积分得:

$$i_\mathrm{o}(t) = \frac{I_0}{CV_T}\int i_\mathrm{i}(t)\mathrm{d}t \tag{6-27}$$

该式表明此电路的输出电流是对输入电流的同相积分。

6.4　含电压源的跨导线性电路分析

当 TL 回路串入电压源时,如图 6-9 所示,回路电压关系可表示为:

$$v_\mathrm{B1} + v_\mathrm{B3} = v_\mathrm{B2} + v_\mathrm{B4} + (v_2 - v_1)$$

假定晶体管的参数匹配,据上式可得:

$$V_T\ln\frac{i_\mathrm{c1}}{I_\mathrm{S}} + V_T\ln\frac{i_\mathrm{c3}}{I_\mathrm{S}} = V_T\ln\frac{i_\mathrm{c2}}{I_\mathrm{S}} + V_T\frac{i_\mathrm{c4}}{I_\mathrm{S}} + (v_2 - v_1) \tag{6-28}$$

可整理为:

$$\ln\frac{i_\mathrm{c1}\,i_\mathrm{c3}}{i_\mathrm{c2}\,i_\mathrm{c4}} = \frac{v_2 - v_1}{V_T} \tag{6-29}$$

由此可得,在含有电压源的 TL 回路中各晶体管集电极电流之间的关系为:

$$i_\mathrm{c1}\,i_\mathrm{c3} = \mathrm{e}^{\frac{v_2 - v_1}{V_T}}i_\mathrm{c2}\,i_\mathrm{c4} \tag{6-30}$$

根据含电压源的跨导线性电路,下面分析一种电压可编程电流镜,如图 6-10 所示。

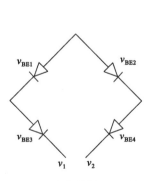

图 6-9　含电压源 TL 回路

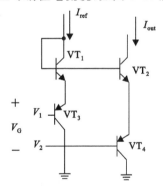

图 6-10　电压可编程电流镜

在跨导线性电路中插入电压源 V_G,根据含有电压源的 TL 回路中各晶体管集电极电流之间的关系,环路关系为:

$$I_\mathrm{c2}\,I_\mathrm{c4} = \mathrm{e}^{\frac{V_{G_1}}{V_T}}I_\mathrm{c1}\,I_\mathrm{c3}$$

取 $I_\mathrm{c1} = I_\mathrm{c3} = I_\mathrm{REF}$、$I_\mathrm{c2} = I_\mathrm{c4} = I_\mathrm{OUT}$,则:

$$I_{\text{out}} = I_{\text{ref}}\,e^{\frac{V_{G_1}}{2V_T}} \tag{6-31}$$

改变 V_G，可以在很大范围改变输出电流与基准电流之间的比例。以此电路为基础可构成对数算子和指数算子。

6.5 扩展跨导线性电路

工作在饱和区强反型状态的 MOSFET，其漏极电流与栅源电压成平方关系，若忽略二阶效应和沟导长度调制效应，其表示式简化为：

$$I_D = \frac{K'W}{2L}(V_{GS} - V_T)^2 \tag{6-32}$$

其跨导表示式为：

$$\frac{\mathrm{d}I_D}{\mathrm{d}V_{GS}} = g_m = \frac{K'W}{2L}(V_{GS} - V_{TH}) \tag{6-33}$$

该式表明，工作在饱和区的 MOSFET，其跨导与栅源电压呈线性关系，这也是一种跨导线性特性，利用此特性也可构成 TL 回路。

该回路需要满足与双极型晶体管 TL 回路类似的条件，即回路中所有器件工作在饱和区，栅-源结的总个数为偶数，且顺时针方向所含个数与逆时针方向所含个数相同。若假定回路中所有器件的阈值电压互相匹配，工艺参数相同且忽略体效应影响，可得：

$$\sum_{\text{CW}} \sqrt{\frac{I_D}{\frac{W}{L}}} = \sum_{\text{CCW}} \sqrt{\frac{I_D}{\frac{W}{L}}} \tag{6-34}$$

该式表明，由工作在饱和区的 MOSFET 构成的 TL 回路，各器件漏极电流之间呈现简单的代数关系，并且它们对温度和工艺不敏感。

由 MOSFET 构成的跨导线性电路如图 6-11 所示，它是 MOS 组成的矢量模电路。其中，MOSFET 均工作在饱和区，M_4、M_5 和 M_6、M_7、M_8 分别构成两个电流镜电路，若 M_4 和 M_5 的宽长比相同，M_6、M_7 和 M_8 的宽长比相同，有关系式：$I_{D5}=I_{D4}$，$I_{D6}=I_{D7}=I_{D8}=I_z$。

因为，$I_{D7}=I_z=I_{D2}+I_{D4}$，$I_{D2}=I_x+I_{D5}=I_x+I_{D2}$，可得：

$$I_{D4} = \frac{I_z - I_x}{2}, \quad I_{D2} = \frac{I_z + I_x}{2} \tag{6-35}$$

M_1、M_2、M_3 和 M_4 构成 TL 回路，并设 M_1 和 M_3 的宽长比是 M_2 和 M_4 宽长比的 4 倍，可得图 6-12 所示 MOS 组成的矢量模电路：

$$\sqrt{\frac{I_{D1}}{4}} + \sqrt{\frac{I_{D3}}{4}} = \sqrt{I_{D2}} + \sqrt{I_{D4}} \tag{6-36}$$

考虑到 M_6、M_7、M_8 构成电流镜，且宽长比相同，有：

$$I_{D1} = I_{D3} = I_y + I_z \tag{6-37}$$

$$\sqrt{\frac{I_y + I_z}{4}} = \sqrt{\frac{I_z - I_x}{2}} + \sqrt{\frac{I_z + I_x}{2}} \tag{6-38}$$

$$I_z = \sqrt{I_x^2 + I_y^2} \tag{6-39}$$

因此，电路可以完成求矢量模的功能。

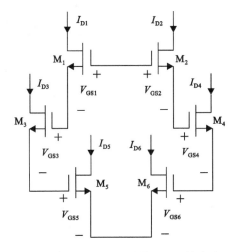

图 6-11 MOSFET 构成的跨导线性电路

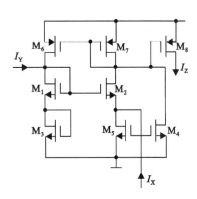

图 6-12 MOS 组成的矢量模电路

6.6 电流传输器

电流传输器(CC)是一种三端口电流模电路,以电流作为信号的载体,因此比用传统的电压放大器构成的电路有更多优点,它能提供优于通用集成运算放大器的特性,能获得更大的增益带宽。其可分为三种模式,即 CCⅠ模式、CCⅡ模式和 CCⅢ模式,它们的输入、输出方式大体相同,电流传输器是一种固定增益的低增益电流放大器。1968 年出现的第一代电流传输器(CCⅠ),易产生负阻,不太稳定;CCⅠ的改进型电路于1970 年出现,称为第二代电流传输器(CCⅡ),应用广泛,犹如电压模电路中的运算放大器;为了电流检测的需要,1996 年,第三代电流传输器(CCⅢ)研制成功,这种 CC 除了电流检测外,没有在其他电路功能中实现应用。这三种模式的电流传输器都可用图 6-13 所示的方框图表示,图中,Y 和 X 表示两个输入端口,Z 表示输出端口。

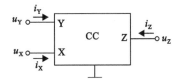

图 6-13 电流传输器的方框图

6.6.1 第一代电流传输器

若有电压 u_Y 作用于 Y 输入端,则在 X 输入端出现 Y 端相等的电位 $u_X(u_X=u_Y)$;若有电流 i_X 流进 X 输入端,则将产生与 i_X 相等的电流 $i_Y(i_Y=i_X)$ 流进 Y 输入端;并且电流 $i_X=i_Y$ 将被传送到输出端 Z,使输出端 Z 具有高输出阻抗和 $i_Z=i_X=i_Y$ 的电流源特性。可见,X 端的电位由 Y 端的电位决定,与流进 X 端的电流无关;而流进 Y 端的电流由 X 端的电流来决定,与作用在 Y 端的电位无关。即 X 端具有虚短路的输入特性,Y 端具有虚开路的输入特性。

CCⅠ输入-输出特性可描述为:

$$\begin{bmatrix} i_Y \\ u_X \\ i_Z \end{bmatrix} = \begin{bmatrix} 0 & 1 & 0 \\ 1 & 0 & 0 \\ 0 & \pm 1 & 0 \end{bmatrix} \begin{bmatrix} u_Y \\ i_X \\ u_Z \end{bmatrix} \tag{6-40}$$

CCⅠ可采用图 6-14 所示的零子-任意子表示法描述。零子是端子间电压为零,以及流过它的电流也为零的二端电流元件;任意子是端子间电压为任意值,以及流过它的电流也为任意值的二端电路元件。图 6-14 中,零子元件是用来表示 X 输入端和 Y 输入端的电位虚短路,两个受控源是用来表示把 X 输入端的电流 i_X 变换到 Y 输入端和 Z 输出端。

如图 6-15 所示,假设 VT_1、VT_2 和 $VT_3 \sim VT_5$ 分别匹配,三个电阻也匹配,而且 $VT_1 \sim VT_5$ 的 β 值最大,则 $VT_3 \sim VT_5$ 的电流均相等,而且迫使 VT_1 和 VT_2 的电流相等,电压 V_{BE} 也相等。因此,两个低阻抗输入端 X 和 Y 端的电流和电压互相跟踪,输出端 Z 的输出电流 $i_X = i_Y = i_Z$,动态输出电阻非常大。

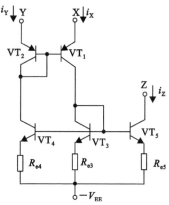

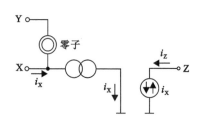

图 6-14　CC I 零子-任意子表示法

图 6-15　实际 CC I 电路

6.6.2　第二代电流传输器

CC II 是第二代电流传输器,它比 CC I 具有更强的通用性。其主要区别在于 Y 输入端电流为零,呈现无穷大阻抗;而仍然是 $u_X = u_Y$,呈现零输入阻抗;Z 端的电流 i_Z 有两种极性,即 $i_Z = i_X$(相应的 CC II 写成 CC II$_-$)或 $i_Z = -i_X$(相应的 CC II 写成 CC II$_+$)。CC II 可用图 6-16 所示的零子-任意子表示法表示。CC II 输入-输出特性可描述为:

$$\begin{bmatrix} i_Y \\ u_X \\ i_Z \end{bmatrix} = \begin{bmatrix} 0 & 0 & 0 \\ 1 & 0 & 0 \\ 0 & \pm 1 & 0 \end{bmatrix} \begin{bmatrix} u_Y \\ i_X \\ u_Z \end{bmatrix} \tag{6-41}$$

CC II 电路可以用两种方式给出工作原理。图 6-17 所示为 CC II 电路简化图,由于运算放大器"虚短"与"虚断"特性,使得 $u_X = u_Y$,$i_Z = -i_X$,$i_Y = 0$,这种关系符合式(6-40)对 CC II 输入-输出特性的数学描述;图 6-18 所示为一种实际的 CC II 电路,其中,$M_1 \sim M_8$ 与 IBIAS1 组成运算放大器,M_9、M_{11} 为 PMOS 平行放大管,M_{10}、M_{12} IBIAS2 组成 PMOS 恒流负载管。M_{11} 输出为 Z 端、M_9 输出作为 X 端的反馈输入端与图 6-17 所示简化示意的各端对应。

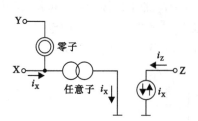

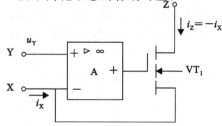

图 6-16　CC II 零子-任意子表示法

图 6-17　CC II 电路简化图

实际上,构成 CC II 电路的运算放大器可以采用不同的结构,输出反馈部分也存在不同的

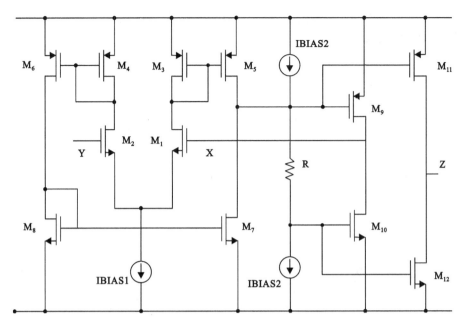

图 6-18　一种实际的 CCⅡ 电路图

结构,如图 6-19 所示。输出反馈电路部分是一种互补对称的甲类功放结构,具有更强的输出驱动能力。

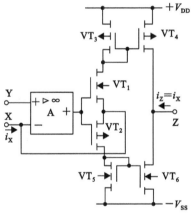

图 6-19　一种实际的 CCⅡ 电路图

6.6.3　第二代电流传输器的应用

依据 CCⅡ 输入-输出特性,利用 CCⅡ 可实现多种功能的电流模应用电路。

1. 有源网络元件的模拟

（1）四种受控源的模拟

由 CCⅡ 输入-输出特性可组成一种电压控制电压源,如图 6-20 所示。

其输出-输入的关系式为:

$$u_o = u_i \qquad (6\text{-}42)$$

图 6-20　电压控制电压源

很显然,输出电压受输入电压的控制。也可构成电压控制电流源,如图 6-21 所示。

其输出-输入的关系式为:

$$i_o = \frac{u_i}{R} \tag{6-43}$$

可见,输出电流受控于输入电压。

如果 Y 端接地,X 端作为电流输入,Z 端作为电流输出,如图 6-22 所示。则:

$$i_o = i_i \tag{6-44}$$

此输出-输入的关系表现为电流控制电流源。

如果采用两种第二代电流传输器 CCⅡ$_+$、CCⅡ$_-$,如图 6-23 所示。则可推导出输出-输入的关系式为:

$$u_o = i_i R \tag{6-45}$$

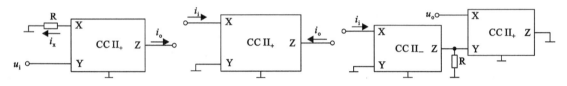

图 6-21 电压控制电流源　　图 6-22 电流控制电流源(一)　　图 6-23 电流控制电压源(二)

式(6-45)描述的是电流控制电压源的特性。

(2) 负阻抗变换器

采用第二代电流传输器 CCⅡ 或者组合电路可实现接地与浮地两种负电阻变换器,如图 6-24 所示。

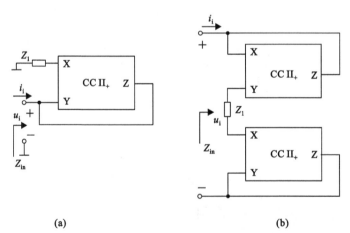

(a)　　　　　　　　　　　　　　　(b)

图 6-24 负阻抗变换器

(a) 接地的负电阻变换器;(b) 浮地的负电阻变换器

获得的负电阻为:

$$Z_{in} = \frac{u_i}{i_i} = -Z_1 \tag{6-46}$$

(3) 通用阻抗变换器

变换两种第二代电流传输器 CCⅡ$_+$、CCⅡ$_-$ 的连接方式,如图 6-25 所示,可以得到等效阻抗的通用表达:

$$Z_{in} = \frac{u_i}{i_i} = \frac{Z_1 Z_2}{Z_3} \qquad (6-47)$$

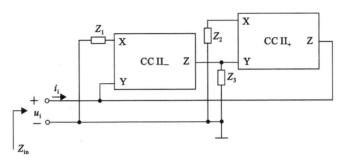

图 6-25 通用阻抗变换器

若取

$$Z_1 = R_1, \quad Z_2 = R_2, \quad Z_3 = \frac{1}{(j\omega C_3)}$$

则可得到接地模拟电感:

$$Z_{in} = j\omega R_1 R_2 C_3 = j\omega L_{eq} \qquad (6-48)$$

其中,

$$L_{eq} = R_1 R_2 C_3 \qquad (6-49)$$

若取

$$Z_1 = \frac{1}{j\omega C_1}, \quad Z_2 = \frac{1}{j\omega C_2}, \quad Z_3 = R_3$$

则这时的输入阻抗为:

$$Z_{in} = \frac{-1}{\omega^2 C_1 C_2 R_3} \qquad (6-50)$$

2. 模拟信号运算电路

以 CCⅡ 为核心可以构成多种模拟信号运算电路。

(1) 电流放大器

利用 CCⅡ_ 和两个电阻,按图 6-26 所示的连接方式可构成一种电流放大器。

根据 CCⅡ_ 的输出-输入关系,可得:

$$u_x = u_y = i_i R_1 \qquad (6-51)$$

$$i_x = \frac{u_x}{R_2} \qquad (6-52)$$

$$i_o = i_x \qquad (6-53)$$

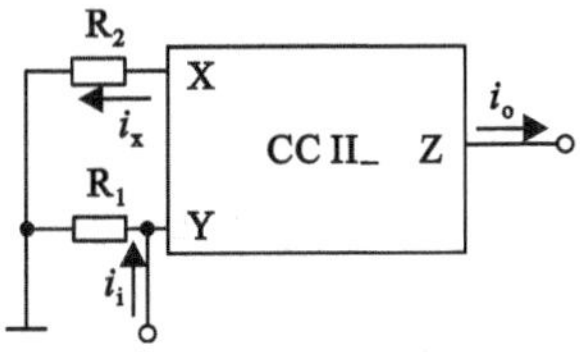

所以,其电流增益为:

$$A_i = \frac{i_o}{i_i} = \frac{R_1}{R_2} \qquad (6-54)$$

图 6-26 电流放大器

显然,电路具有电流放大的作用。

(2) 电流微分器

利用 CCⅡ_ 和一个电阻、一个电容,按图 6-27 所示的连接方式可构成一种电流微分器。

根据 CCII$_-$ 的输出-输入关系，可得：

$$u_Y = i_i R = u_X \tag{6-55}$$

$$i_X = C \frac{\mathrm{d}u_X}{\mathrm{d}t} \tag{6-56}$$

$$i_o = i_X \tag{6-57}$$

于是，得：

$$i_o = RC \frac{\mathrm{d}i_i}{\mathrm{d}t} \tag{6-58}$$

可见，电路具有电流微分器的作用。

（3）电流积分器

同样，利用 CCII$_-$ 和一个电阻、一个电容，按图 6-27 改变电阻和电容连接方式，如图 6-28 所示，可构成一种电流积分器。

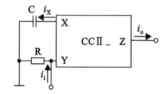

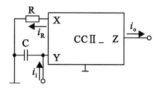

图 6-27　电流微分器　　　　　　　　图 6-28　电流积分器

可以推导得出输入与输出电流呈积分关系：

$$i_o = i_R = \frac{u_C}{R} = \frac{\frac{1}{C}\int i_i \mathrm{d}t}{R} = \frac{1}{RC}\int i_i \mathrm{d}t \tag{6-59}$$

（4）电流加法器

若将 CCII$_-$ 的 X 端作为多个电流的输入，如图 6-29 所示，则 Z 端输出电流为：

$$i_o = -\sum_{j=1}^{n} i_j \tag{6-60}$$

此即电流反向加法器。

（5）电压放大器

利用 CCII$_-$ 和两个电阻，按图 6-30 所示的连接方式可构成一种电压放大器。

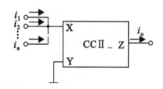

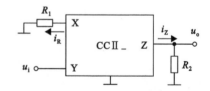

图 6-29　电流加法器　　　　　　　　图 6-30　电压放大器

输入与输出电压的关系为：

$$u_o = i_Z R_2 = \frac{u_i}{R_1} R_2 = \frac{R_2}{R_1} u_i \tag{6-61}$$

电压增益为：

$$A_u = \frac{u_o}{u_i} = \frac{R_2}{R_1} \tag{6-62}$$

（6）电压积分器

利用 CCⅡ– 和一个电阻、一个电容，按图 6-31 所示的连接方式可构成一种电压积分器。输入与输出电压的关系为：

$$u_o = \frac{1}{C}\int i_Z \mathrm{d}t = \frac{1}{C}\int \frac{u_i}{R}\mathrm{d}t = \frac{1}{RC}\int u_i \mathrm{d}t \tag{6-63}$$

（7）电压加法器

利用 CCⅡ– 和多个电阻按图 6-32 所示的连接方式可构成一种电压加法器，可实现电压加权相加和电压比例相加。

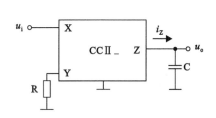

图 6-31　电压积分器　　　　　图 6-32　电压加法器

根据 Y 端与 X 端的电压、电流关系，可得：

$$u_o = u_Y \tag{6-64}$$

$$\sum_{j=1}^{n} \frac{u_{ij} - u_Y}{R_j} = 0 \tag{6-65}$$

若设 $R_1 = R_2 = \cdots = R_n = R$，则：

$$u_o = \frac{1}{R}\sum_{j=1}^{n} u_{ij} \tag{6-66}$$

式（6-65）表明电路实现了电压加权相加；作为特例，式（6-66）表明电路实现电压比例加法运算。

6.7　电流反馈型集成运算放大器

6.7.1　电流反馈型集成运算放大器的基本特性

电流反馈型集成运算放大器的输入端是一个与差分对相对的输入缓冲器。该输入缓冲器为单位增益缓冲器，大多数情况下常常是射极跟随器或其他非常类似的电路。同相输入端具有高阻抗，而缓冲器的输出，即放大器的反相输入具有低阻抗。

图 6-33 所示为电流反馈型集成运算放大器开环状态的简化等效，其互阻增益为：

$$A_r(s) = \frac{U_o(s)}{I_i(s)} = \frac{R_T}{1 + sR_T C_T} \tag{6-67}$$

电流反馈型集成运算放大器开环时，其开环差模电压增益表示为：

$$A_u(s) = \frac{U_o(s)}{U_i(s)} = \frac{U_o(s)}{I_i(s) \cdot R_i} = \frac{R_T}{R_i(1 + sR_T C_T)} \tag{6-68}$$

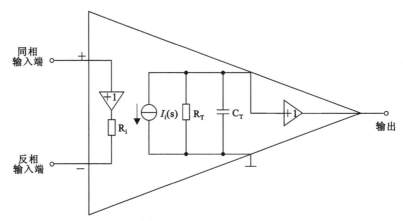

图 6-33 电流反馈型集成运算放大器开环状态的简化等效

6.7.2 电流反馈型集成运算放大器的典型电路

图 6-34 所示为电流反馈型集成运算放大器的典型电路。由晶体管 $VT_1 \sim VT_4$ 及恒流偏置电路组成单位增益输入缓冲器；输出级为缓冲器，由晶体管 $VT_5 \sim VT_8$ 及恒流偏置电路组成，具有和输入级相同的电路结构；输入级的输出电流与输出级的输入电流并非直接耦合，而是通过电流镜 CM_1、CM_2 影射传递，使输出级的输入电流受控于输入级的输出电流。

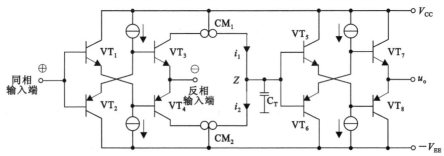

图 6-34 电流反馈型集成运算放大器的典型电路

可以看出，该电流反馈型集成运算放大器同相输入端具有高阻抗，而缓冲器的输出，即放大器的反相输入具有低阻抗。输出阻抗与反相输入阻抗类似，呈低输出阻抗。

6.7.3 电流反馈型集成运算放大器的闭环特性

在闭环电路中，如图 6-35 所示，电流反馈型集成运算放大器的传递函数表达式同相输入时的闭环电压增益为：

$$A_{ufo} = 1 + \frac{R_f}{R_1} \tag{6-69}$$

高频响应为：

$$A_{uf}(s) = \frac{1 + \dfrac{R_f}{R_1}}{1 + \dfrac{R_f}{R_T} + \dfrac{R_f R_i}{R_T R_1} + \dfrac{R_i}{R_T} + s\left(\dfrac{R_f}{R_T} + \dfrac{R_f R_i}{R_T R_1} + \dfrac{R_i}{R_T}\right) R_T C_T} \tag{6-70}$$

故：

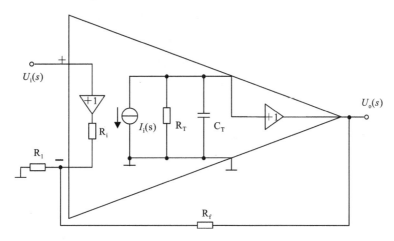

图 6-35 电流反馈型集成运算放大器闭环状态的简化等效

$$A_{uf}(s) = \frac{A_{ufo}}{1 + s[R_f + A_{ufo}R_i]C_T} \tag{6-71}$$

当 $(A_{ufo}R_i) \ll R_f$ 时,则:

$$A_{uf}(s) = \frac{A_{ufo}}{1 + sR_fC_T} \tag{6-72}$$

闭环带宽:

$$f_H = \frac{1}{2\pi C_T R_f} \tag{6-73}$$

思考题与习题

6.1　MOSFET 构成的电压模放大器和电流反馈型放大器分别如题图 6-1(a)和(b)所示,请利用交流小信号等效电路分析和比较它们的输出电阻、输入电阻,以及决定增益的主要参量和决定频率特性的主要因素,说明它们放大信号过程的区别和电流与电压参量的作用。

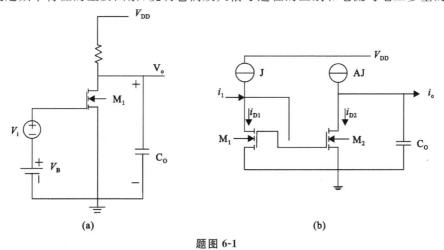

题图 6-1

6.2　在使用相同器件的条件下,为什么电流反馈型集成运算放大器比电压模放大器有比较好的线性特性? 实际电流放大器的线性特性受哪些因素的影响?

6.3 说明跨导线性回路的特性,得到此特性需要满足哪些条件?

6.4 请利用跨导回路构成电流反馈型拟积分器。

6.5 CCⅠ型和CCⅡ型电流传输器的输入、输出特性有什么区别?

6.6 用CCⅠ电流传输器实现负电阻的原理电路如题图 6-2 所示,如果将图中电阻 R 用并联 RC 电路代替,请分析从 Y 端视入的电路特性。

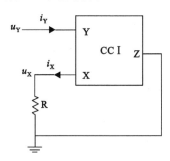

题图 6-2

6.7 用CCⅡ电流传输器设计以电流为输出与输入变量的积分器、微分器和乘系数电路。

7 集成有源滤波器

7.1 概述

滤波器是电子、通信系统的重要部件,对波形的频率选择传输、信号延迟、阻抗变换等都起着非常重要的作用。可以说,滤波器是决定模拟电子系统性能与质量的关键部件之一。

一般来讲,分立元件构成的滤波器以无源型居多,而集成滤波器由于电感、电容集成相对困难多数采用有源滤波器的形式。有源滤波器的优点在于:

① 在制作截止频率或中心频率较低的滤波器时,可以做到体积小、重量轻、成本低。

② 无须阻抗匹配。

③ 方便制作截止频率或中心频率连续可调的滤波器。

④ 受电磁干扰的影响小。

⑤ 由于采用集成电路,可避免各滤波节之间的负载效应而使滤波器的设计和计算大大简化,且易于进行电路调试。

⑥ 在实现滤波的同时,可以得到一定的增益。例如,低通滤波器的增益可达到 40 dB。

⑦ 如果使用电位器、可变电容器等,可使滤波器的精度达到 0.5%。

⑧ 由于采用集成电路,因此受环境条件(如机械振动、温度、湿度、化学因素等)的影响小。

尽管集成有源滤波器有着种种优点,但依然存在固有的一些缺点,表现在:

① 集成电路在工作时,需要配备电源电路。

② 由于受集成运算放大器的限制,在高频段时,滤波特性不好,因此一般频率在 100 kHz 以下时使用集成有源滤波器,频率再高时,使用其他滤波器。

集成有源滤波器可以按照多种角度进行分类。按通频带可分为低通滤波器(LPF)、高通滤波器(HPF)、带通滤波器(BPF)、带阻滤波器(BEF)等;按通带滤波特性可分为最大平坦型(巴特沃斯型)滤波器、等波纹型(切比雪夫型)滤波器、线性相移型(贝塞尔型)滤波器等;按运算放大器电路的构成可分为无限增益单反馈环型滤波器、无限增益多反馈环型滤波器、压控电源型滤波器、负阻变换器型滤波器、回转器型滤波器等。

本章按通频带分类的方式,重点讲述 LPF、HPF、BPF、BEF 及可编程滤波器的电路构成及其特性。就通频带而言,LPF、HPF、BPF、BEF 应具有的特性分别如图 7-1(a)、(b)、(c)、(d)所示。图中实线为对应滤波器理想特性曲线,虚线为对应滤波器实际特性曲线。

滤波器设计就是努力使各类滤波器的实际特性接近于理想特性。为此,人们投入大量的工作致力于根据滤波器的特性要求进行结构上的研究,出现了相对成熟的滤波器原型,如巴特沃兹滤波器、切比雪夫滤波器、贝塞尔滤波器、椭圆函数滤波器等类型,其特性如图 7-2 所示。

分析和设计滤波器都是依据其传递函数。对于 n 阶滤波器,传递函数一般表达式为:

$$G_n(s) = \frac{b_m s^m + b_{m-1} s^{m-1} + \cdots + b_1 s + b_0}{a_n s^n + a_{n-1} s^{n-1} + \cdots + a_1 s + a_0} \quad (m \leqslant n)$$

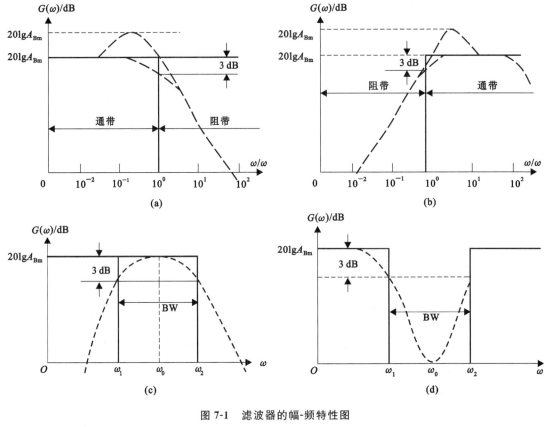

图 7-1　滤波器的幅-频特性图

（a）低通；（b）高通；（c）带通；（d）带阻

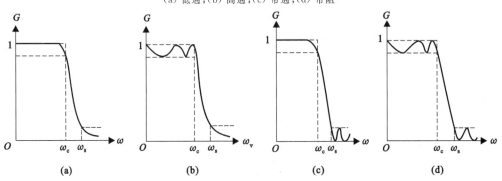

图 7-2　几种滤波器原型的幅-频特性图

（a）巴特沃斯滤波器；（b）切比雪夫滤波器；（c）反切比雪夫滤波器；（d）椭圆函数滤波器

若将传递函数分解为因子式,则上式变为：

$$G_n(s) = \frac{b_m(s-s_{b0})(s-s_{b1})\cdots(s-s_{bm})}{a_n(s-s_{a0})(s-s_{a1})\cdots(s-s_{an})}$$

式中,s_{a0}、s_{a1}、s_{an} 为传递函数的极点,s_{b0}、s_{b1}、s_{bm} 为传递函数的零点。

当需要设计大于等于 3 阶的滤波器时,一般采取将高阶传递函数分解为几个低阶传递函数乘积形式。

$$G_n(s) = G_1(s)G_2(s)\cdots G_k(s)$$

式中,$G_1(s)$、$G_2(s)$、$\cdots$、G_k 为低阶滤波器。

将 k 个低阶传递函数的滤波器的基本节级联起来,可构成 n 阶滤波器。因为用集成运算放大器构成的低阶滤波器,其输出阻抗很低,所以不必考虑各基本节级联时的负载效应,保证了各基本节传递函数设计的独立性,见表 7-1。

表 7-1 常用一阶、二阶滤波器传递函数和幅频特性

类型	$G(s)$	$G(\omega)$
一阶低通	$\dfrac{G_0\omega_c}{s+\omega_c}$	$\dfrac{G_0\omega_c}{\sqrt{\omega^2+\omega_c^2}}$
一阶高通	$\dfrac{G_0 s}{s+\omega_c}$	$\dfrac{G_0\omega}{\sqrt{\omega^2+\omega_c^2}}$
二阶低通	$\dfrac{G_0\omega_n^2}{s^2+\xi\omega_n s+\omega_n^2}$	$\dfrac{G_0\omega_n^2}{\sqrt{(\omega_n^2-\omega^2)^2+(\xi\omega\omega_n)^2}}$
二阶高通	$\dfrac{G_0 s^2}{s^2+\xi\omega_n s+\omega_n^2}$	$\dfrac{G_0\omega_n^2}{\sqrt{(\omega_n^2-\omega^2)^2+(\xi\omega\omega_n)^2}}$
二阶带通	$\dfrac{\xi G_0\omega_0 s}{s^2+\xi\omega_0 s+\omega_0^2}$	$\dfrac{\xi G_0\omega_0\omega}{\sqrt{(\omega_0^2-\omega^2)^2+(\xi\omega\omega_0)^2}}$
二阶带阻	$\dfrac{G_0(s^2+\omega_0^2)}{s^2+\xi\omega_0 s+\omega_0^2}$	$\dfrac{G_0(\omega_0^2-\omega^2)}{\sqrt{(\omega_0^2-\omega^2)^2+(\xi\omega\omega_0)^2}}$

表中,$G(s)$——滤波器的传递函数,$G(\omega)$——滤波器的幅频特性,G_0——滤波器的通带增益或零频增益,ω_c——一阶滤波器的截止角频率,ω_n——二阶滤波器的自然角频率,ω_0——带通或带阻滤波器的中心频率,ξ——二阶滤波器的阻尼系数。

在用波特图描述滤波器的幅频特性时,通常横坐标用归一化频率代替。频率归一化是将传递函数复频率 $s=\alpha+j\omega$ 除以基准角频率 ω_λ 得到归一化复频率:

$$s_\lambda=\frac{s}{\omega_\lambda}=\frac{\alpha}{\omega_\lambda}+j\frac{\omega}{\omega_\lambda}=\sigma+j\Omega \tag{7-1}$$

低通、高通滤波器采用截止角频率 ω_c 作为基准角频率,带通、带阻滤波器采用中心角频率 ω_0 作为基准角频率。

对传递函数的幅度近似,是将低通滤波器作为设计滤波器的基础,高通、带通、带阻滤波器传递函数可由低通滤波器传递函数转换过来,因此低通原型传递函数的设计是其他传递函数设计的基础。

一般对传递函数的幅度近似方法寻找一个合适的有理函数来满足对滤波器幅频特性提出的要求,寻找这个合适的有理函数即是滤波器的幅度近似。

幅度近似的方式有两类:① 最平幅度近似,也称泰勒近似,这种幅度近似用了泰勒级数,其幅频特性在近似范围内呈单调变化,见图 7-3。② 等波纹近似,也称切比雪夫近似,这种幅度近似用了切比雪夫多项式,其幅频特性呈等幅波动,见图 7-4。

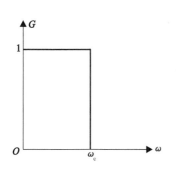

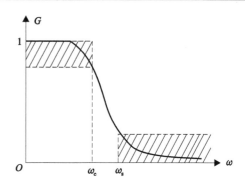

图 7-3　理想低通滤波器的幅频特性　　　　图 7-4　幅度近似的低通幅频特性

在通带和阻带内可分别采用这两种幅度近似方式,组合起来有四种幅度近似的方法,有四种滤波器,此即巴特沃兹滤波、切比雪夫滤波、反切比雪夫滤波、椭圆函数滤波。

对于 n 阶低通滤波器,频率归一化传递函数通式为:

$$G_n(s) = \frac{1}{1 + b_1 s + b_2 s^2 + \cdots + b_{n-1} s^{n-1} + b_n s^n} \tag{7-2}$$

其正弦传递函数为:

$$G_n(j\Omega) = \frac{1}{A + jB} = \frac{1}{(1 - b_2 \Omega^2 + b_4 \Omega^4 - \cdots) + j(b_1 \Omega - b_3 \Omega^2 + \cdots)} \tag{7-3}$$

式中,$A = 1 - b_2 \Omega^2 + b_4 \Omega^4 - \cdots$,$B = b\Omega - b_3 \Omega^3 + \cdots$。

其增益幅频特性模的平方为:

$$G_n^2(\Omega) = \left| G_n(j\Omega) \right|^2 = \frac{1}{A^2 + B^2}$$

将上式分母展开为 Ω 的多项式,则可写为:

$$G_n^2(\Omega) = \frac{1}{1 + B_1 \Omega^2 + B_2 \Omega^4 + \cdots + B_n \Omega^{2n}} = \frac{1}{1 + K^2(\Omega)} \tag{7-4}$$

$K^2(\Omega) = B_1 \Omega^2 + B_2 \Omega^4 + \cdots + B_n \Omega^{2n}$ 为幅度近似方法特征函数。

下面讨论有源滤波器的设计问题。设计步骤如下:

1. 传递函数的设计

① 根据对滤波器特性要求,设计某种类型的 n 阶传递函数,再将 n 阶传递函数分解为几个低阶(如一阶、二阶或三阶)传递函数乘积的形式。

② 在设计低通、高通、带通、带阻滤波器时,通常采用频率归一化的方法,先设计低通原型传递函数。

③ 若要求设计低通滤波器,再将低通原型传递函数变换为低通目标传递函数;若要求设计高通滤波器,再将低通原型传递函数变换为高通目标传递函数;若要求设计带通滤波器,再将低通原型传递函数变换为带通目标传递函数;若要求设计带阻滤波器,再将低通原型传递函数变换为带阻目标传递函数。

2. 电路设计

按各个低阶传递函数的设计要求,设计和计算有源滤波器电路的基本节。先选择好电路形式,再根据所设计的传递函数,设计和计算相应的元件参数值。根据设计要求,对各电路元件提出具体的要求。

3.电路装配和调试

先设计和装配好各个低阶滤波器电路,再将各个低阶电路级联起来,组成整个滤波器电路。最后对整个滤波器电路进行相应调整和性能测试,并检验设计结果。

7.2　低通滤波器

7.2.1　一阶低通滤波器

一阶低通滤波器包含一个 RC 电路,如图 7-5 所示,传递函数为:

$$G(s) = \frac{U_o(s)}{U_i(s)} = -\frac{z_f(s)I_f}{z_1(s)I_1} = -\frac{1}{R_1} \cdot \frac{R_f}{1 + SC_fR_f} = \frac{G_0}{1 + \dfrac{S}{\omega_c}}$$

式中, $G_0 = -\dfrac{R_f}{R_1}$ 为零频增益, $\omega_c = \dfrac{1}{R_fC_f}$ 为截止角频率。

如图 7-6 所示,频率特性为:

$$G(j\omega) = \frac{G_0}{1 + j\dfrac{\omega}{\omega_c}}$$

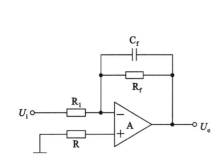

图 7-5　一阶低通滤波器

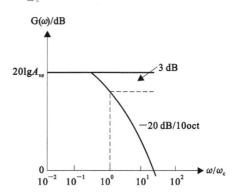

图 7-6　一阶低通滤波器的幅频特性

其中,幅频特性 $\varphi(\omega) = -\pi - \arctan\left(\dfrac{\omega}{\omega_c}\right)$,相频特性 $G(\omega) = \dfrac{|G_0|}{\sqrt{1 + \left(\dfrac{\omega}{\omega_c}\right)^2}}$ 。

这种一阶低通滤波器的带外幅度衰减太慢。

7.2.2　二阶低通滤波器

图 7-7 所示为一个典型的二阶低通滤波器。

如图 7-8 所示,它的传递函数为:

$$G(s) = \frac{U_o(s)}{U_i(s)} = \frac{G_0 w_n^2}{s^2 + \xi w_n s + w^2 n} \tag{7-5}$$

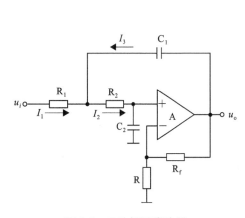

图 7-7 二阶低通滤波器

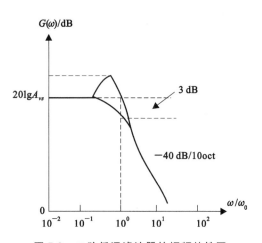

图 7-8 二阶低通滤波器的幅频特性图

零频增益为:

$$G_0 = 1 + \frac{R_f}{R}$$

自然角频率为:

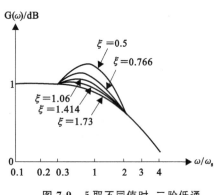

图 7-9 ξ 取不同值时,二阶低通
频响曲线($A_m = 1$)

$$w_n = \sqrt{\frac{1}{R_1 R_2 C_1 C_2}}$$

如图 7-9 所示,阻尼系数为:

$$\xi = \sqrt{\frac{R_2 C_2}{R_1 C_1}} + \sqrt{\frac{R_1 C_2}{R_2 C_1}} - (G_0 - 1)\sqrt{\frac{R_1 C_1}{R_2 C_2}}$$

为简化计算,通常选 $C_1 = C_2 = C$,则上式简化为:

$$w_n = \frac{1}{C}\sqrt{\frac{1}{R_1 R_2}}$$

$$\xi = \sqrt{\frac{R_2}{R_1}} + \sqrt{\frac{R_1}{R_2}} - (G_0 - 1)\sqrt{\frac{R_1}{R_2}}$$

若选取 $C_1 = C_2 = C$, $R_1 = R_2 = R$,则进一步简化为:

$$\omega_n = \frac{1}{RC}$$

$$\xi = 3 - G_0$$

采用频率归一化的方法,则上述二阶低通滤波器的传递函数为:

$$G(s_\lambda) = \frac{G_m}{s_\lambda^2 + \xi s_\lambda + 1} \tag{7-6}$$

二阶低通滤波器各个参数,影响其滤波特性,如影响阻尼系数的大小,决定幅频特性有无峰值或谐振峰的高低。可见,二阶低通滤波器克服了一阶低通滤波器阻带衰减太慢的缺点。

7.2.3 高阶低通滤波器

如要求低通滤波器的阻带特性下降速率大于 $-|40\ \mathrm{dB}/10\ \mathrm{oct}|$ 时,必须采用高阶低通滤波器。

高阶低通滤波器由一阶、二阶低通滤波器组成,见表 7-2。例如,五阶巴特沃兹低通滤波器,由两个二阶和一个一阶巴特沃兹低通滤波器组成。其传递函数为:

$$G(s_\lambda) = \frac{G_{01}}{s_\lambda^2 + \xi_1 s_\lambda + 1} \cdot \frac{G_{02}}{s_\lambda^2 + \xi_2 s_\lambda + 1} \cdot \frac{G_{03}}{s_\lambda + 1} \tag{7-7}$$

表 7-2   标准化巴特沃兹分母多项式

阶数	分母多项式
1	$s+1$
2	$s^2 + 1.414s + 1$
3	$(s+1)(s^2+s+1)$
4	$(s^2 + 0.765s + 1)(s^2 + 1.848s + 1)$
5	$(s+1)(s^2 + 0.618s + 1)(s^2 + 1.618s + 1)$
6	$(s^2 + 0.518s + 1)(s^2 + 1.414s + 1)(s^2 + 1.932s + 1)$
7	$(s+1)(s^2 + 0.445s + 1)(s^2 + 1.247s + 1)(s^2 + 1.802s + 1)$
8	$(s^2 + 0.390s + 1)(s^2 + 1.111s + 1)(s^2 + 1.663s + 1)(s^2 + 1.962s + 1)$

下面举例介绍高阶低通滤波器的设计方法。

【例 7-1】 设计一个四阶巴特沃兹低通滤波器,要求截止频率为 $f_c = 1\ \text{kHz}$。

【解】 先设计四阶巴特沃兹低通滤波器传递函数,用两个二阶巴特沃兹低通滤波器构成一个四阶巴特沃兹低通滤波器,其传递函数为:

$$G_4(s_\lambda) = \frac{G_{01}}{s_\lambda^2 + \xi_1 s_\lambda + 1} \cdot \frac{G_{02}}{s_\lambda^2 + \xi_2 s_\lambda + 1} \tag{7-8}$$

为了简化计算,其参数满足如下条件 $C_1 = C_2 = C$,$R_1 = R_2 = C$。

由 $f_c = \dfrac{1}{2\pi RC}$,选取 $C = 0.1\ \mu\text{F}$,可算得 $R = 1.6\ \text{k}\Omega$。

四阶巴特沃兹低通滤波器两个阻尼系数为:$\xi_1 = 0.765$、$\xi_2 = 1.848$,由此算得两个零频增益为:

$$G_{01} = 3 - \xi_1 = 3 - 0.765 = 2.235$$
$$G_{02} = 3 - \xi_2 = 3 - 1.848 = 1.152$$

则传递函数为:

$$G_4(s_\lambda) = \frac{2.235}{s_\lambda^2 + 0.765s_\lambda + 1} \cdot \frac{1.152}{s_\lambda^2 + 1.848s_\lambda + 1} \tag{7-9}$$

可选两个二阶巴特沃兹低通滤波器级联组成,如图 7-10 所示。

第一级增益为:

$$G_{01} = 1 + \frac{R_{f1}}{R_{i1}} = 2.235 = 1 + 1.235$$

若选取,$R_{f1} = 12.35\ \text{k}\Omega$,则 $R_{i1} = 10\ \text{k}\Omega$。

第二级增益为:

$$G_{02} = 1 + \frac{R_{f2}}{R_{i2}} = 1.152 = 1 + 0.152$$

若选取,$R_{f2} = 15.2\ \text{k}\Omega$,则 $R_{i2} = 100\ \text{k}\Omega$。

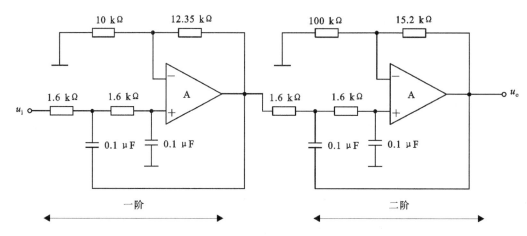

图 7-10　四阶巴特沃兹低通滤波器

7.2.4　低通滤波器的应用电路

1.10 MHz 低通滤波器

如图 7-11 所示,其截止频率为:

$$f_c = \frac{1}{2\pi R_1 C_1} = 10 \text{ MHz}$$

零频增益为:

$$G_0 = 1 + \frac{R_f}{R} = 1.6$$

2.三阶低通滤波器

如图 7-12 中 IC_1 是高保真集成运算放大器,IC_2 是双运算放大器。IC_1 和 IC_2 组成三阶巴特沃兹低通滤波器。截止频率 $f_c = 40$ kHz。

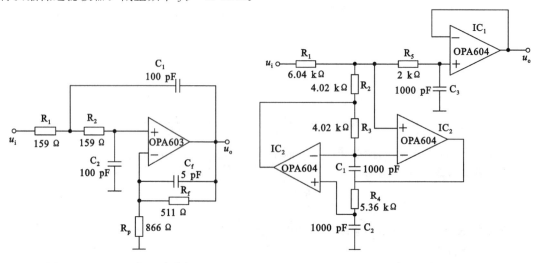

图 7-11　10 MHz 低通滤波器　　　　　　**图 7-12　三阶低通滤波器**

7.3 高通滤波器

7.3.1 一阶高通滤波器

一阶高通滤波器包含一个 RC 电路,将一阶低通滤波器 R 与 C 对换位置,即可构成一阶高通滤波器,如图 7-13 所示。

传递函数为:

$$G(s) = \frac{U_o(s)}{U_i(s)} = -\frac{Z_f(s)I_f}{Z_1(s)I_1} = -\frac{R_f}{R_1 + \dfrac{1}{sC_1}} = \frac{G_0}{1 + \dfrac{\omega_c}{s}} \tag{7-10}$$

其中,$G_0 = -\dfrac{R_f}{R_1}$ 为通带增益,$\omega_c = \dfrac{1}{R_1 C_1}$ 为截止角频率。

如图 7-14 所示,它的频率特性为:

$$G(j\omega) = \frac{G_0}{1 - j\dfrac{\omega_c}{\omega}}$$

幅频特性为:

$$G(\omega) = \frac{|G_0|}{\sqrt{1 + \left(\dfrac{\omega_c}{\omega}\right)^2}}$$

相频特性为:

$$\varphi(\omega) = -\pi + \arctan\left(\frac{\omega_c}{\omega}\right)$$

这种一阶高通滤波器的缺点是阻带特性衰减太慢。

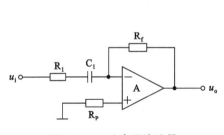

图 7-13　一阶高通滤波器

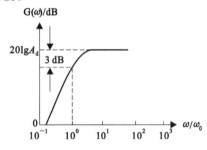

图 7-14　一阶高通滤波器的幅频特性

7.3.2 二阶高通滤波器

二阶高通滤波器的一般传递函数的形式为:

$$G(s) = \frac{U_o(s)}{U_i(s)} = \frac{G_0 Y_1 Y_2}{Y_1 Y_2 + Y_4(Y_1 + Y_2 + Y_3) + Y_2 Y_3(1 - G_0)} \tag{7-11}$$

通带增益 $G_0 = 1 + \dfrac{R_f}{R}$,选导纳值 $Y_1 = sC_1$,$Y_2 = sC_2$,$Y_3 = \dfrac{1}{R_1}$,$Y_4 = \dfrac{1}{R_2}$,构成图 7-15 所示的滤波器。

图 7-16 所示的二阶高通滤波器的传递函数为:

$$G(s) = \frac{U_o(s)}{U_i(s)} = \frac{G_0 s^2}{s^2 + \xi w_n s + w_n^2} \qquad (7\text{-}12)$$

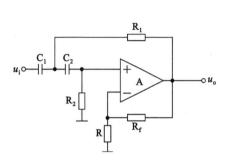

图 7-15 二阶高通滤波器

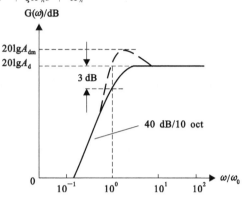

图 7-16 二阶高通滤波器幅频特性

其通带增益为：

$$G_0 = 1 + \frac{R_f}{R}$$

自然角频率为：

$$\omega_n = \sqrt{\frac{1}{R_1 R_2 C_1 C_2}}$$

阻尼系数为：

$$\xi = \sqrt{\frac{R_2 C_2}{R_1 C_1}} + \sqrt{\frac{R_1 C_2}{R_2 C_1}} - (G_0 - 1)\sqrt{\frac{R_1 C_1}{R_2 C_2}}$$

为了简化计算，通常选 $C_1 = C_2 = C$，则可简化为：

$$\omega_n = \frac{1}{C}\sqrt{\frac{1}{R_1 R_2}}$$

$$\xi = \sqrt{\frac{R_2}{R_1}} + \sqrt{\frac{R_1}{R_2}} - (G_0 - 1)\sqrt{\frac{R_1}{R_2}}$$

为再进一步简化，通常选 $C_1 = C_2 = C$，$R_1 = R_2 = R$，则可简化为：

$$\omega_n = \frac{1}{RC}, \quad \xi = 3 - G_0$$

采用频率归一化方法，则滤波器传递函数为：

$$G(s_\lambda) = \frac{G_m s_\lambda^2}{s_\lambda^2 + \xi s_\lambda + 1} \qquad (7\text{-}13)$$

7.3.3 高通滤波器的应用电路

1. 100 Hz 高通滤波器

如图 7-17 所示，截止频率 $f_c = 100$ Hz。

R_1 与 R_2 之比、C_1 与 C_2 之比，可以是各种值。

这里选 $R_1 = R_2$ 和 $C_1 = C_2$，$R_1 = 2R_2$ 和 $C_1 = 2C_2$。

2. 1 MHz 高通滤波器

图 7-18 所示为 1 MHz 二阶巴特沃兹高通滤波器，其中，转折频率：

$$f_c = \frac{1}{2\pi RC} = 1 \text{ MHz}$$

增益为 1.6 。

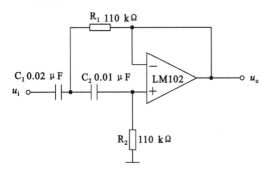

图 7-17　100 Hz 高通滤波器

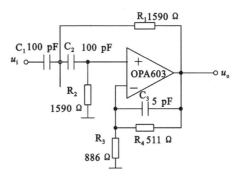

图 7-18　1 MHz 二阶巴特沃兹高通滤波器

7.4　带通滤波器

带通滤波器是通过某一频段内的信号,抑制以外频段的信号。带通滤波器分两类:

① 窄带带通滤波器,简称窄带滤波器。

② 宽带带通滤波器,简称宽带滤波器。

窄带滤波器一般用带通滤波器电路实现,宽带滤波器用低通滤波器和高通滤波器级联实现。

带通滤波器的中心频率 f_0 和带宽 BW 之间的关系为:

$$Q = \frac{f_0}{BW} = \frac{f_0}{f_H - f_L}$$

$$f_0 = \sqrt{f_H f_L} \tag{7-14}$$

式中,Q 为品质因数,f_H 为带通滤波器上限频率,f_L 为下限频率。带宽 BW 越窄,Q 值越高。

7.4.1　无限增益多反馈环型带通滤波器

图 7-19 所示为无限增益多反馈环型滤波器二环典型电路。恰当选择 Y_i,可以构成低通、高通、带通和带阻等滤波器。

当 Y_i 参数的表示式为 $Y_1 = \frac{1}{R_1}$,$Y_2 = \frac{1}{R_2}$,$Y_3 = \frac{1}{R_2}$,$Y_4 = sC_4$,$Y_5 = \frac{1}{R_5}$ 时,代入传递函数表示式:

$$G(s) = \frac{U_o(s)}{U_i(s)} = \frac{-Y_1 Y_3}{Y_5(Y_1 + Y_2 + Y_3 + Y_4) + Y_3 Y_4} \tag{7-15}$$

则可得到多反馈环型带通滤波器的传递函数为:

$$G(s) = \frac{-\dfrac{s}{R_1 C_4}}{s^2 + \dfrac{1}{R_5}\left(\dfrac{1}{C_3} + \dfrac{1}{C_4}\right) \cdot s + \dfrac{1}{C_3 C_4 R_5}\left(\dfrac{1}{R_1} + \dfrac{1}{R_2}\right)} \tag{7-16}$$

由以上两式可组成图 7-20 所示多环有源带通滤波器电路。

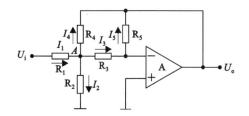 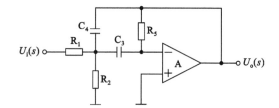

图 7-19　无限增益反馈滤波器二环典型电路　　图 7-20　多反馈环型有源 RC 高通滤波器

这个有源 RC 高通滤波器特性参数如下：

$$G_0 = \frac{1}{\frac{R_1}{R_5}\left(1 + \frac{C_4}{C_3}\right)} \tag{7-17}$$

$$\omega_0 = \sqrt{\frac{1}{R_5 C_3 C_4}\left(\frac{1}{R_1} + \frac{1}{R_2}\right)} \tag{7-18}$$

$$\xi = \frac{1}{Q} = \frac{1}{\sqrt{R_5\left(\frac{1}{R_1} + \frac{1}{R_2}\right)}}\left(\sqrt{\frac{C_3}{C_4}} + \sqrt{\frac{C_4}{C_3}}\right) \tag{7-19}$$

7.4.2　宽带滤波器

如图 7-21 所示，宽带滤波器可由高通滤波器和低通滤波器级联组成。

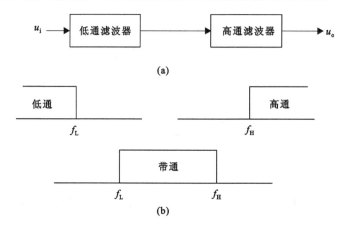

图 7-21　宽带滤波器的组成及幅频特性

（a）宽带滤波器的组成方框图；（b）宽带滤波器的幅频特性示意图

f_H 是低通滤波器的截止频率；f_L 是高通滤波器的截止频率；$BW = f_H - f_L$ 是宽带滤波器的通频带。

图 7-22 所示为由高通滤波器和低通滤波器级联组成的宽带带通滤波器，通带增益为：

$$G_0 = \left|\frac{U_0}{U_i}\right| = \frac{G_{01} \cdot \frac{f}{f_L}}{\sqrt{1 + \left(\frac{f}{f_L}\right)^2}} \cdot \frac{G_{02}}{\sqrt{1 + \left(\frac{f}{f_H}\right)^2}} \tag{7-20}$$

$$G_{01} = 1 + \frac{R_{f1}}{R_1}$$

$$f_L = \frac{1}{2\pi R_2 C_2}$$

$$G_{02} = 1 + \frac{R_{f2}}{R_4}$$

$$f_H = \frac{1}{2\pi R_3 C_3}$$

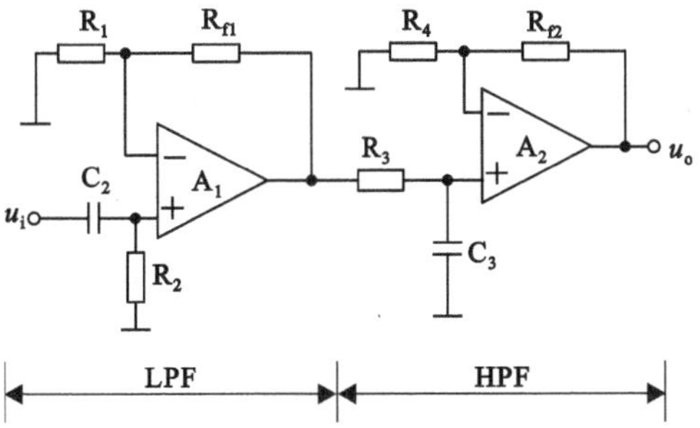

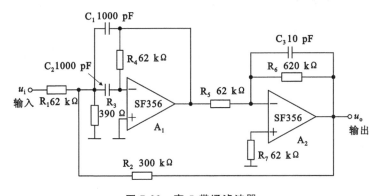

图 7-22 宽带带通滤波器

7.4.3 带通滤波器的应用电路

1.高 Q 值带通滤波器

第一级是普通单级滤波器,其 Q 值较低,信号衰减大,放大倍数小。第二级是反相器,放大 10 倍。为提高 Q 值,用 R_2 引入正反馈,选频特性较好,如图 7-23 所示。

图 7-23 高 Q 带通滤波器

2.频率可调的带通滤波器

如图 7-24 所示的电路中,集成运算放大器 A_1、A_2、A_3 均是频率可调的带波滤波器 μA748。RP_1、RP_2 是同轴电位器。可调节滤波器的中心频率,在调节中心频率时其 Q 值基本保持不变。

各参数分别为:

$$f_0 = \frac{1}{2\pi RC}, \quad BW = \frac{1}{2\pi R_3 C}, \quad Q = \frac{R_3}{R}$$

式中,$C = C_1 = C_2$,$R = R_1 = R_2$。

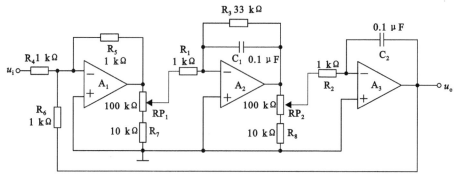

图 7-24　频率可调的带通滤波器

7.5　带阻滤波器

与带通滤波器相反,带阻滤波器是用来抑制某一频段内的信号,而让以外频段的信号通过。带阻滤波器分两类:

① 窄带抑制带阻滤波器(简称窄带阻滤波器)。窄带阻滤波器用带通滤波器和减法器电路组合实现。通常用作单一频率陷波,又称陷波器。

② 宽带抑制带阻滤波器(简称宽带阻滤波器)。宽带阻滤波器用低通滤波器和高通滤波器求和实现。

7.5.1　窄带阻滤波器(或陷波器)

如图 7-25 所示,窄带阻滤波器理想特性为矩形。理想带阻滤波器在阻带内的增益为零。

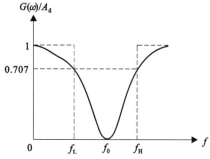

图 7-25　带阻滤波器特性

带阻滤波器的中心频率 f_0 和抑制频宽 BW 之间的关系为:

$$Q = \frac{f_0}{BW} = \frac{f_0}{f_H - f_L} \tag{7-21}$$

$$f_0 = \sqrt{f_H f_L} \tag{7-22}$$

带宽 BW 越窄,Q 值越高。

输出电压为:

$$U_o(s) = G_0 U_i(s) + \frac{-G_0 \xi w_0 s}{s^2 + \xi w_0 s + w_0^2} \cdot U_i(s) \tag{7-23}$$

传递函数为:

$$G(s) = \frac{U_o(s)}{U_i(s)} = G_0 \left(1 - \frac{\xi w_0 s}{s^2 + \xi w_0 s + w_0^2}\right) = \frac{G_0(s^2 + w_0^2)}{s^2 + \xi w_0 s + w_0^2} \tag{7-24}$$

当 $w = w_0$ 时,增益为零;当 $w \gg w_0$ 和 $w \ll w_0$ 时,增益为 $|G_0|$。

如图 7-26 所示,陷波器也可以有不同的形式,还有一种陷波器如图 7-27 所示。

对节点 A 列 KCL 方程,得:

$$(U_i - U_A)sC + (U_o - U_A)sC + (mU_o - U_A)2n = 0 \tag{7-25}$$

或

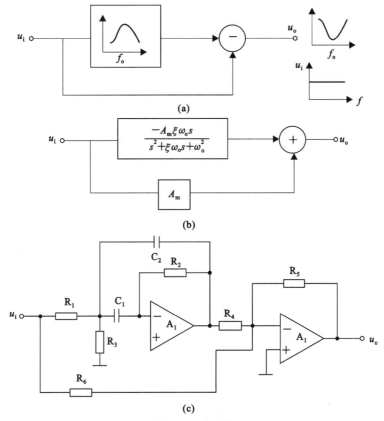

图 7-26　陷波器

(a) 方框图；(b) 模型；(c) 电路图

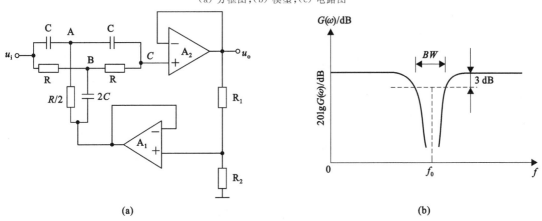

图 7-27　双 T 陷波器电路及其频率特性

(a) 双 T 陷波器电路；(b) 频率特性

$$sCU_i + (sC + 2mn)U_o = 2(sC + n)U_A$$

对节点 B 列 KCL 方程，得：

$$(U_i - U_B)n + (U_o - U_B)n + (mU_o - U_B)sC = 0 \tag{7-26}$$

或

$$nU_i + (n + 2msC)U_o = 2(n + sC)U_B$$

对节点 C 列 KCL 方程,得:

$$(U_A - U_o)sC + (U_B - U_o)n = 0 \tag{7-27}$$

或

$$sCU_A + nU_B = (n + sC)U_o$$

各式中,$m = \dfrac{R_2}{R_1 + R_2}$,$n = \dfrac{1}{R}$。

由式(7-25)～式(7-27)得传递函数:

$$G(s) = \frac{U_o}{U_i} = \frac{n^2 + s^2C^2}{n^2 + s^2C^2 + 4(1-m)sCn} = \frac{s^2 + (\frac{n}{C})^2}{s^2 + (\frac{n}{C})^2 + 4(1-m)s\dfrac{n}{C}} \tag{7-28}$$

令 $s = j\omega$,得:

$$G(j\omega) = \frac{\omega^2 - \omega_0^2}{\omega^2 - \omega_0^2 - j4(1-m)\omega_0\omega} \tag{7-29}$$

式中,$\omega_0 = \dfrac{n}{C} = \dfrac{1}{RC}$。

当 $\omega = \omega_0$ 时,$G(j\omega_0) = 0$;当 $\omega \gg \omega_0$ 和 $\omega \ll \omega_0$ 时,增益接近 1。

令 $G(3\ \text{dB}) = 0.707$,可求得:

$$f_H = f_0\left[\sqrt{1 + 4(1-m)^2} + 2(1-m)\right] \tag{7-30}$$

$$f_L = f_0\left[\sqrt{1 + 4(1-m)^2} - 2(1-m)\right] \tag{7-31}$$

$$BW = f_H - f_L = 4(1-m)f_0 \tag{7-32}$$

$$Q = \frac{f_0}{f_H - f_L} = \frac{1}{4(1-m)} \tag{7-33}$$

7.5.2 宽带阻滤波器

宽带阻滤波器可用一个低通滤波器和一个高通滤波器求和组成,且低通滤波器的截止频率 f_L 小于高通滤波器的截止频率 f_H,其分析方法与宽带通滤波器类似,不再赘述。

7.5.3 带阻滤波器的应用电路

带阻滤波器应用非常广泛,典型应用如高 Q 值的陷波器、60 Hz(或 50 Hz)输入陷波滤波器。

1.高 Q 值的陷波器

如图 7-28 所示,A_1、A_2 均接成电压跟随器形式,调节 RP 可连续改变 Q 值(0.3～50)。

2.频率可调的带通滤波器

如图 7-29 所示,中心频率 $f_0 = \dfrac{1}{2\pi RC}$,品质因数 $Q = \dfrac{R_3}{R}$,带宽 $BW = \dfrac{1}{2\pi R_3 C}$,其中 $C = C_1 = C_2$,$R = R_1 = R_2$。

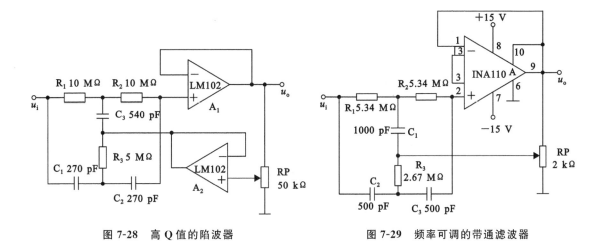

图 7-28　高 Q 值的陷波器　　　　　图 7-29　频率可调的带通滤波器

7.6　可编程滤波器

可编程滤波器具有如下优点：

① 电路简单,根据设计要求,每个滤波单元只需外接几个元件,即可实现滤波。

② 可编程滤波器芯片是单片集成结构,高频工作时基本不受杂散电容的影响,对电阻误差也不敏感。

③ 所设计滤波器的截止频率、中心频率、品质因数及放大倍数等都可由外接电阻确定,参数调整非常方便。

④ 由于放大倍数可调,因此常常设计成与后续电路如模数转换器等,直接接口的形式,省去了后续放大电路。

⑤ 可编程滤波器芯片一般为连续时间型,与其他滤波器相比,具有噪声低、动态特性好等优点。

⑥ 生产可编程滤波器芯片的公司一般都提供专用设计软件,不需复杂计算。

7.6.1　可编程滤波器 MAX260 系列芯片简介

MAX260/261/262 芯片是美国 Maxim 公司开发的一种通用有源滤波器,MAX262 采用 CMOS 工艺制造,可用微处理器控制,方便地构成各种低通、高通、带通、带阻及全通滤波器,不需外接元件。

1. MAX262 的引脚排列图

图 7-30 所示为 MAX262 的引脚排列图。

1 脚 BP_A、21 脚 BP_B:带通滤波器输出端。

2 脚 OP OUT:MAX262 的放大器输出端。

3 脚 HP_A、20 脚 HP_B:高通、带阻、全通滤波器输出端。

4 脚 OP IN:MAX262 的放大器反相输入端。

5 脚 IN_A、23 脚 IN_B:滤波器的信号输入端。

6 脚 D1、19 脚 D0:数据输入端,可用来对 f_o 和 Q 的相应位进行设置。

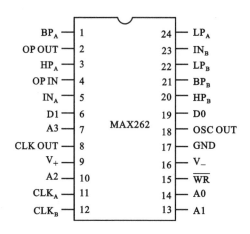

图 7-30　MAX262 的引脚排列图

7 脚 A3、10 脚 A2、13 脚 A1、14 脚 A0：地址输入端，可用来完成对滤波器工作模式、$f_\circ$ 和 Q 的相应设置。

8 脚 CLK OUT：晶体振荡器和 RC 振荡器的时钟输出端。

9 脚 V_+：正电源输入端。

11 脚 CLK_A、12 脚 CLK_B：外接晶体振荡器和滤波器 A、B 部分的时钟输入端，在滤波器内部，时钟频率被二分频。

16 脚 V_-：负电源输入端。

17 脚 GND：模拟地。

2. MAX260 系列芯片的内部结构

MAX262 系列芯片由两个二阶滤波器（A 和 B 两部分）、两个可编程 ROM 逻辑接口组成，如图 7-31 所示。每个滤波器部分又包含两个级联积分器和一个加法器。

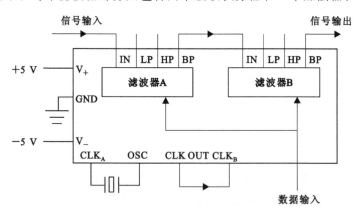

图 7-31　MAX260 系列芯片的内部结构

MAX262 芯片的主要特性：

① 配有滤波器设计软件，可改善滤波特性，带有微处理器接口。

② 可控制 64 个不同的中心频率 $f_\circ$、128 个不同的品质因数 Q 及 4 种工作模式。

③ 对中心频率 $f_\circ$ 和品质因数 Q 可独立编程。

④ 时钟频率与中心频率比值（$f_{clk}/f_\circ$）可达到 1%（A 级）。

⑤ 中心频率 f_0 的范围为 75 kHz。

7.6.2 采用 MAX260 系列芯片设计滤波器的流程

美国 Maxim 公司为 MAX260 系列芯片提供了相应的设计软件,所有参数都可以由软件来计算,大大简化了设计过程。

设计流程如下:

(1) 选择滤波器类型

根据实际系统需要,选择最佳滤波器类型,如巴特沃兹型、切比雪夫型、椭圆函数型等,并计算其极点坐标,写出滤波器的传输函数,求出每个滤波器的中心频率和品质因数。

(2) 产生编程系数

首先确定滤波器的时钟频率和工作模式,滤波器工作模式的选择如表 7-3 所示。然后计算时钟频率和中心频率之比,最后根据 MAX260 系列芯片的数据手册确定工作模式、品质因数、时钟频率和中心频率之比的二进制编程代码。

表 7-3　　　　　　　　　　**工作模式和滤波器功能的关系**

工作模式	$M_1 M_0$	滤波器功能
1	0 0	低通,带通,带阻
2	0 1	低通,带通,带阻
3	1 0	低通,高通,带通
3A	1 0	低通,高通,带通,带阻
4	1 1	低通,带通,全通

(3) 加载滤波器

用单片机或 PC 机对滤波器进行编程,需编程的参数包括时钟频率、工作模式、品质因数、时钟频率和中心频率之比等,编程数据由单片机或 PC 机产生。单片机将编程控制参数加载到滤波器后,滤波器就可以按照设计要求工作了。

思考题与习题

7.1　滤波器的主要参数有哪些?它们各表示滤波器的什么特性?

7.2　可实现的实际滤波器与理想滤波器在频率特性上的主要区别是什么?

7.3　信号通过一个实际的有源滤波器会不会产生非线性失真?为什么?会不会产生线性失真?为什么?

7.4　常用的网络逼近有哪几种方法?它们的通带、阻带和过渡带各有什么主要特点?

7.5　以模拟滤波器为原型,用无损离散积分和双线性变换实现抽样数据滤波器,为什么需要进行频率扭曲?不进行频率扭曲的结果是什么?

8 集成开关电路

8.1 概述

开关电路能实现对数据的抽样,也称之为抽样数据电路。它是模拟信号过渡到数字信号的桥梁,是处理抽样信号(时间离散、幅度连续信号)的电路。由于抽样信号是幅度连续信号,常将抽样数据电路归入模拟电路大类。

只要满足抽样定理所规定的条件,抽样数据信号可以无失真地复原抽样前的模拟信号,所以用抽样数据电路处理模拟信号时,只要电路特性理想,就不会产生失真。而数字信号是用有限个离散值逼近连续值,因而它不可能无失真地复原数字化前的模拟信号,增加字长只能减小误差,但不可能消除,所以用数字电路处理模拟信号,定会产生失真,如图 8-1 所示。

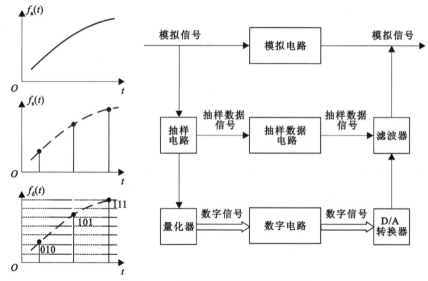

图 8-1　三种信号和电路之间的联系

但是,抽样数据理想电路特性很难满足。因为抽样数据电路要处理时间离散的抽样信号,所以电路中必含有存储信号的元件和控制电路工作的时钟,存储信号的精度和时钟信号参量将影响电路性能,如图 8-2 所示。

从频域角度来考察,因为抽样数据电路的输入和输出都是抽样信号,它们的频谱按抽样时钟频率的整倍数重复,所以抽样数据电路的频率特性也按抽样时钟频率的整倍数重复,如图 8-3 所示。获取基带频率必须通过滤波器完成。

抽样数据电路的类型一般有三类:

① 电荷耦合器件(charge-coupled device,CCD);

② 开关电容电路(switched-capacitor circuits,SC);

③ 开关电流电路(switched-current circuits,SI)。

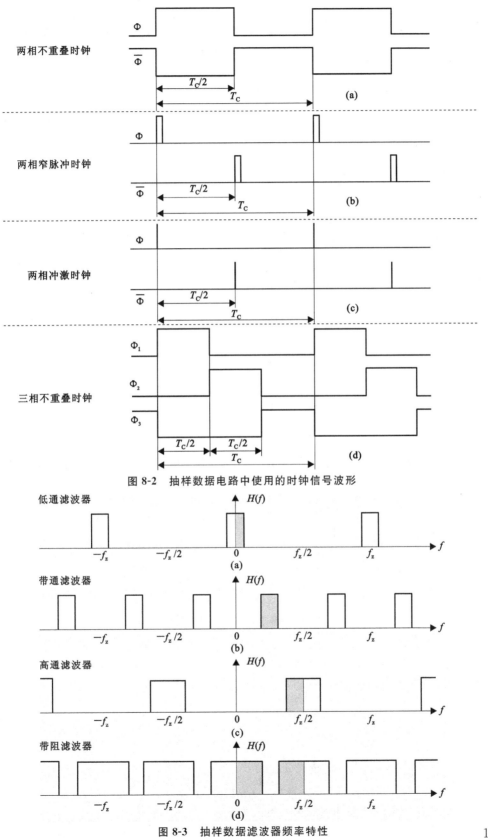

图 8-2　抽样数据电路中使用的时钟信号波形

图 8-3　抽样数据滤波器频率特性

由于电荷耦合器件只能按时钟周期顺序传递信号(串行存取方式),并且在信号传递过程中不可避免地产生信号的损失,因此其应用范围受到限制。它可以应用在自扫描成像阵列、模拟横向滤波器和数字存储器等,最成功的应用是自扫描成像阵列。

开关电容和开关电流电路含有放大器、运算放大器和跨导器等有源元件,可以避免信号在传递过程中的损失,便于灵活地构成各种功能的电路,因此获得了广泛的应用。开关电容和开关电流电路是集成电路工艺的进步和电路技术相结合的产物,它只能以集成电路的形式实现。

CCD 多用在图像传感器上。本章只讲述 SC 与 SI 的原理与应用。

8.2 开关电容电路

开关电容电路是由受时钟信号控制的开关和电容器组成的电路。它是利用电荷的存储和转移来实现对信号的各种处理功能。在实际电路中,有时仅用开关和电容器构成的电路往往不满足要求,所以多与放大器或运算放大器、比较器等组合起来,以实现电信号的产生、变换与处理。

利用开关电容电路来处理模拟信号在 1972 年首先提出,由于它具有的一些特殊优点,引起了人们的重视,并加强了这方面的研究工作。1977 年,发表了采用 NMOS 工艺和开关电容技术构成的话路滤波器。1978 年,美国英特尔公司首先制成用于 PCM 电话系统的话路滤波器,从而进入了实用阶段。近年来,对开关电容的理论、分析方法和电路技术进行了多方面的研究,进一步拓展了开关电容电路技术在模拟信号处理领域的应用范围。

由于开关电容电路使用 MOS 工艺,尺寸小,功耗低,工艺过程比较简单,易于大规模集成。因此得到了较快的发展和广泛的应用。

8.2.1 基本开关电容单元

基本开关电容单元常常是由两个 MOS 开关、一个 MOS 电容构成的二端口网络,具体可连接成两种电路形式,如图 8-4 所示。

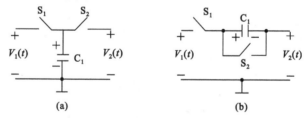

图 8-4 基本开关电容单元电路

两个 MOS 开关 S_1、S_2 分别在互不交叠时钟 Φ、$\overline{\Phi}$ 作用下交替导通、关断,两种电路均由 S_1 对输入信号 $V_1(t)$ 进行抽样,分别由 S_2 通、断获得输出信号 $V_2(t)$,如图 8-5 所示。

一个时钟周期内电荷的变化量为:

$$\Delta q_{\mathrm{C}} \approx C_1 \left[V_1 (n-1) T_{\mathrm{C}}^+ - V_2 \left(n - \frac{1}{2} \right) T_{\mathrm{C}}^+ \right] \tag{8-1}$$

如果在一个时钟周期内,$V_1(t)$ 和 $V_2(t)$ 近似没有变化,时钟频率远低于信号频率,即 $\omega T_{\mathrm{C}} \ll 1$。则一个时钟周期内电荷量的变化为:

$$\Delta q_{\mathrm{C}} \approx C_1 [V_1(t) - V_2(t)] \tag{8-2}$$

由此,定义在一个时钟周期内的平均电流为:

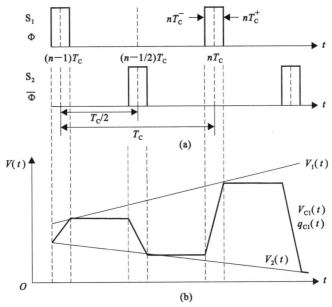

图 8-5 基本开关电容电路的时钟与输入、输出的关系

$$i_C(t) = \frac{\Delta q_C}{T_C} = \frac{C_1}{T_C}\left[V_1(t) - V_2(t)\right] \tag{8-3}$$

而电阻的表达式为:

$$i_R(t) = \frac{V_1(t) - V_2(t)}{R} \tag{8-4}$$

因此,可以将基本开关电容单元等效为一个电阻,其阻值为:$R_{eq} = \dfrac{T_C}{C_1}$,等效电路如图 8-6 所示。

输入信号 $V_1(t)$ 为定值 V_M 时,在抽样时钟[图 8-7(a)]的作用下,V_{C_1}、$V_2(t)$ 电压变化如图 8-7(b)所示。

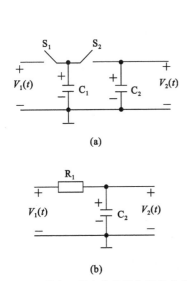

图 8-6 基本开关电容单元与等效电路

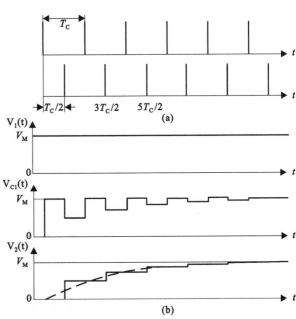

图 8-7 定值输入时开关电容的工作情况

在 S_2 前两次采样脉冲的作用下,输出电压 $V_2(t)$ 分别为:

$$V_2 \frac{T_C}{2} = \frac{C_1}{C_1 + C_2} V_M \tag{8-5}$$

$$V_2 \frac{3T_C}{2} = \frac{C_1}{C_1 + C_2} \left(1 + \frac{C_2}{C_1 + C_2}\right) V_M \tag{8-6}$$

8.2.2 开关电容延时电路

开关电容延时电路是由开关电容 C_1、输出电容 C_2、运算放大器等组成,如图 8-8 所示。在互不交叠时钟 Φ、$\overline{\Phi}$ 交替导通作用下,运算放大器把电容 C_1 上的电荷转移到电容 C_2 上,从而得到输出电压 V_o。

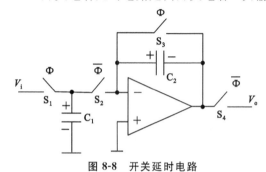

图 8-8 开关延时电路

在 nT_C 时刻,电容 C_1 上的电压为:

$$V_{C_1}(nT_C) = V_i(nT_C) \tag{8-7}$$

$$V_{C_2}(nT_C) = -V_i(nT_C) = 0 \tag{8-8}$$

在 $(n+1/2)T_C$ 时刻,有:

$$V_{C_1}\left[\left(n + \frac{1}{2}\right)T_C\right] = 0 \tag{8-9}$$

$$V_{C_2}\left[\left(n + \frac{1}{2}\right)T_C\right] = V_o\left[\left(n + \frac{1}{2}\right)T_C\right] = -\frac{C_1}{C_2} V_{C_1}(nT_C) \tag{8-10}$$

根据运算放大器反相输入端"虚地"的概念得:

$$V_o\left[\left(n + \frac{1}{2}\right)T_C\right] = -\frac{C_1}{C_2} V_i(nT_C) \tag{8-11}$$

以上描述的电荷转移形成电路的各部分电压如图 8-9 所示。

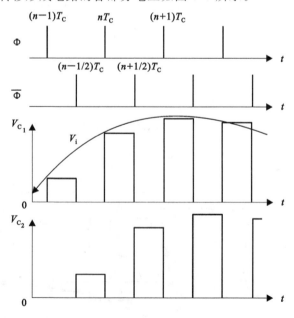

图 8-9 开关延时电路各部分电压示意图

可见,经开关延时电路后将输入延迟了 $0.5T_C$。

8.2.3 开关电容加权电路

图 8-10 所示为一种开关电容加权电路。按照开关电容电路普适的分析方法和步骤：

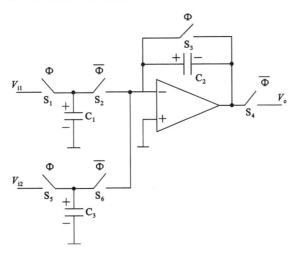

图 8-10 开关电容加权电路

其输入变量是电压,根据 KVL 和运算放大器反向输入端"虚地"的概念,开关电容在$(n-1/2)T_C$ 时刻获得的电压分别为：$V_{C_1} = V_{i1}$、$V_{C_3} = V_{i2}$。

开关电容加权电路中,变量是电荷,$(n-1/2)T_C$ 时刻电容 C_1、C_3 获得的电荷分别为：$q_{C_1} = V_{i1}C_1$、$q_{C_3} = V_{i2}C_3$,总电荷 $q_C = V_{i1}C_1 + V_{i2}C_3$；在 nT_C 时刻,电荷开始向电容 C_2 转移,最终使 $V_{C_1} = 0$、$V_{C_3} = 0$,即总电荷全部转移给 C_2,于是：

$$V_{C_2} \cdot C_2 = V_{i1}C_1 + V_{i2}C_3 \tag{8-12}$$

因为 $V_{C_2} = -V_o$,所以：

$$V_o(nT_C) = -\frac{C_1}{C_2}V_{i1}\left[\left(n-\frac{1}{2}\right)T_C\right] - \frac{C_3}{C_2}V_{i2}\left[\left(n-\frac{1}{2}\right)T_C\right] \tag{8-13}$$

可见,经过 $0.5T_C$ 的时间延迟,输出电压是以电容比例系数为权值对输入电压进行了反向加权运算。

8.2.4 开关电容积分器

图 8-11 是由两相时钟、开关电容、积分电容、运算放大器组成的开关电容积分器。

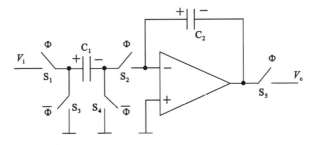

图 8-11 开关电容积分器

$(n-1/2)T_C$ 时刻,

$$V_{C_1}\left[\left(n-\frac{1}{2}\right)T_C\right]=0 \tag{8-14}$$

$$V_{C_2}\left[\left(n-\frac{1}{2}\right)T_C\right]=V_{C_2}\left[(n-1)T_C\right]=-V_o\left[(n-1)T_C\right] \tag{8-15}$$

nT_C 时刻，

$$V_{C_1}(nT_C)=V_i(nT_C) \tag{8-16}$$

$$V_{C_2}(nT_C)=V_{C_2}\left[(n-1)T_C\right]+\frac{C_1}{C_2}V_{C_1}(nT_C)=-V_o(nT_C) \tag{8-17}$$

由此得：

$$V_o(nT_C)-V_o\left[(n-1)T_C\right]=-\frac{C_1}{C_2}V_i(nT_C) \tag{8-18}$$

所以：

$$\frac{V_o(Z)}{V_i(z)}=-\frac{C_1}{C_2}\frac{1}{1-Z^{-1}} \tag{8-19}$$

假定 $C_1=C_2$，则：

$$\frac{V_o(Z)}{V_i(z)}=-\frac{1}{1-Z^{-1}}$$

改变控制开关时钟的相位可以改变积分器特性，如图 8-12 所示，即：

$$\frac{V_o(Z)}{V_i(z)}=\frac{Z^{-\frac{1}{2}}}{1-Z^{-1}} \tag{8-20}$$

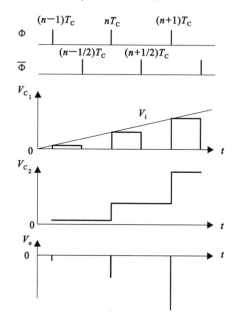

图 8-12　开关电容积分器各相对应关键点波形

8.2.5 开关电容滤波器

开关电容滤波器(SCF)是由 MOS 开关、MOS 电容和 MOS 运算放大器构成的一种大规模集成电路滤波器。开关电容滤波器可直接处理模拟信号,而不必像数字滤波器那样需要 A/D、D/A 变换,简化了电路设计,提高了系统的可靠性。此外,由于 MOS 器件在速度、集成度、相对精度控制和微功耗等方面都有独特的优势,为开关电容滤波器电路的迅猛发展提供了很好的条件。开关电容滤波器广泛应用于通信系统的脉冲编码调制。在实际应用中它们通常做成单片集成电路或与其他电路做在同一个芯片上。通过外部端子的适当连接可获得不同的响应特性。某些单独的开关电容滤波器可作为通用滤波器应用,如自适应滤波、跟踪滤波、振动分析及语言和音乐合成等。但运算放大器带宽、电路的寄生参数、开关与运算放大器的非理想特性及 MOS 器件的噪声等,都会直接影响这类滤波器的性能。开关电容滤波器的工作频率尚不高,其应用范围目前大多限于音频频段。

流过电阻器与开关电容的电荷相同是各类 SCF 依赖的基本原理。有源 RC 滤波技术已有效地取代了电感器,而开关电容技术实现了用开关电容(SC)来取代电阻器。

设计开关电容滤波器的方法,大致可归结为两大类。一类以模拟连续滤波器为基础,通过一定的变换关系把连续系统的网络函数变换为对应的离散时间系统网络函数,以便直接在离散时间域内精确设计。这时可把网络函数分解为低阶函数,然后用开关电容电路模块通过级联或反馈结构实现。另一类是以 LC 梯形滤波器为原型,用信号流图法或阻抗模拟法,以开关电容电路取代 LC 电路中的各支路或电阻、电感,元件之间有一一对应关系。

下面介绍以开关电容电路取代 LC 电路中的各支路或电阻、电感等元件,构造跳耦型开关电容滤波器结构。

跳耦型开关电容滤波器是以差分输入开关电容积分电路为基础,实现有源滤波的。差分输入开关电容积分电路如图 8-13 所示。

输入与输出的关系为:

$$u_o[(n+1)T_C] - u_o(nT_C) = -\frac{C_u}{C_C}[u_{i2}(nT_C) - u_{i1}(nT_C)]$$

$$(8\text{-}21)$$

跳耦型开关电容滤波器是基于对无源 LC 梯形滤波器的模拟。这时跳耦电路的各支路分别对应于无源滤波器原型各支路,且其导纳都是以积分函数形式出现的。开关电容滤波器如果将跳耦电路各支路的积分函数用差分输入的开关电容积分器(图 8-13)实现,并计入端接负载的影响,就可以得到和五阶 LC 低通滤波电路[图 8-14(a)]相对应的开关电容滤波器电路[图 8-14(b)],而且仍然保持原型无源 LC 滤波器的低灵敏度特性。开关电容积分器在每个时钟周期对输入信号取样一次,为了避免输出信号产生附加相移,严重影响滤波响应,必须如图 8-14(b)那样,使相邻积分器的开关向相反的方向投掷。

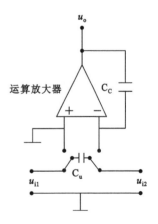

图 8-13 差分输入开关电容积分电路

另外,电压反向开关型电容滤波器也是以 LC 滤波器为原型电路,但用开关电容等效元件替换模拟元件。电路工作时要求用"电压反向开关"控制电容网络中的电荷流动,使等效元件内部开关动作时元件所构成的环路中没有电荷流动。

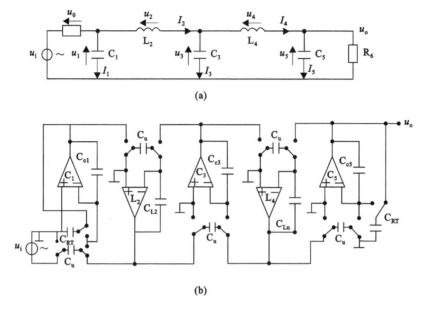

图 8-14 LC 滤波器与跳耦型开关电容滤波器

（a）五阶 LC 低通滤波器原理；（b）对应开关电容滤波器

LC 滤波器原型与电压反向开关型电容滤波器的结构对比如图 8-15 所示。

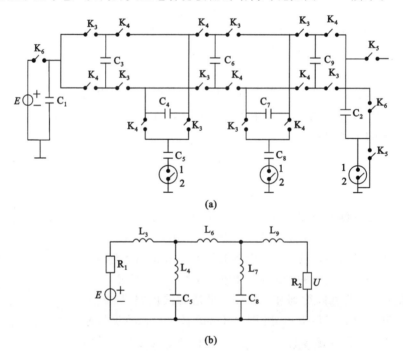

图 8-15 电压反向开关型电容滤波器及其原型

（a）电路原理图；（b）原型电路

8.3 开关电容电路分析方法

开关电容电路普适的分析方法和步骤:

① 当电路中的变量是电压和电流时,用 KVL 和 KCL 分析电路。

② 在开关电容电路中,电路中的变量是电压和电荷,需要建立描述电路中电荷变化规律的关系式。

③ 在开关电容电路中,输出抽样序列与输入抽样序列可以不在相同时刻,使用最多的是相差半个时钟周期,需要建立这种情况下的频率特性定义。

8.3.1 开关电容电路的时域分析

1.电荷守恒原理

电荷守恒原理是指在开关电容电路中,用"闭合面"包围各电容器一个极板的集合,只要闭合面内没有存储电荷的元件,并且没有导电路径穿过这个闭合面,那么闭合面内所有电容器极板上所存储的总电荷就不会发生变化,并且与整个电路中开关的闭合和断开,以及电容器上的电压因任何原因而发生的变化无关。

这里用电容器一个极板的集合而不用电容器的集合,是因为只有在电容器的极板上存储电荷,而一个电容器两个极板所存储的净电荷为 0,因此闭合面总是穿过每个电容器的两个极板的中间,只将电容器的一个极板包含在里面。

利用电荷守恒原理和 KVL,就可以分析在开关状态发生变化时开关电容电路中的电容器上电压的变化,从而分析整个电路的工作过程。

图 8-16 中包含了三个电容器,C_1 两端的电压为 V_1,它的一个极板上存储有正电荷 $+q_1$,另一极板上则存储有负电荷 $-q_1$。类似地,C_2 的两个极板上分别存储有正、负电荷,其电荷量为 $\pm q_2 = \pm C_2 V_2$。C_3 的两个极板上储有电荷 $\pm q_3 = \pm C_3 V_3$。闭合面 SC 内的总电荷为 $+q_1+q_3-q_2$,反映了闭合面内存储的电荷量。在闭合面 SC 内,尽管存在开关、电阻和电压源,但都不能存储电荷,即内部没有存储电荷的元件。同时,没有导电路径穿过闭合面,所以不管开关 S_1 和 S_2 是否闭合,不管 R_1、R_2、R_3 和 V_E 的大小,也不管 V_1、V_2 和 V_3 是否变化,闭合面 SC 内的总电荷量保持不变。

2.时域分析举例

在 $(n-1)T_C$ 到 $(n-1/2)T_C$ 区间,电容器 C_1 两端电压随输入电压变化,电容器 C_2 两端电压为零。

如图 8-17 所示,在 $(n-1/2)T_C$ 时刻,开关 S_1 断开、S_2 闭合,利用电荷守恒原理和 KVL 计算电容器上的电压,选择闭合面为 SC,可得:

$$C_1 V_{C_1}\left[\left(n-\frac{1}{2}\right)T_C\right]^+ + C_2 V_{C_2}\left[\left(n-\frac{1}{2}\right)T_C\right]^+$$

$$= C_1 V_{C_1}\left[\left(n-\frac{1}{2}\right)T_C\right]^- + C_2 V_{C_2}\left[\left(n-\frac{1}{2}\right)T_C\right]^- \tag{8-22}$$

其中,时间上标"+"表示开关闭合后电容器上的电压值,时间上标"−"表示开关闭合前电容器上的电压值。根据 KVL,可得:

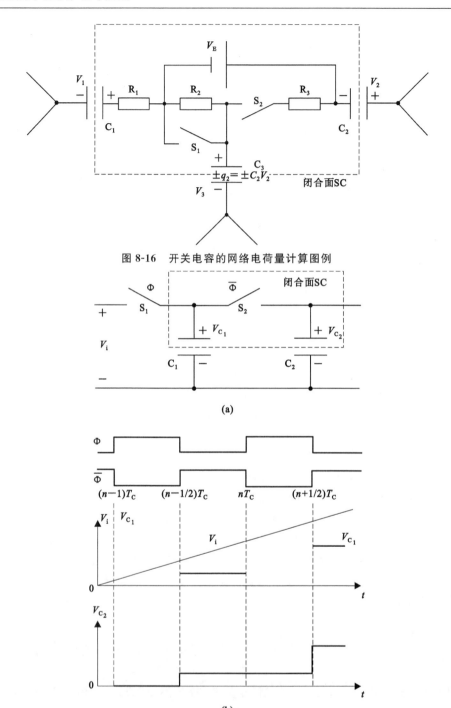

图 8-16　开关电容的网络电荷量计算图例

(a)

(b)

图 8-17　开关电容时域分析图解

$$V_{C_1}\left[\left(n-\frac{1}{2}\right)T_C\right]^+ = V_{C_2}\left[\left(n-\frac{1}{2}\right)T_C\right]^+ \tag{8-23}$$

可得该时刻电容器 C_2 上的电压为:

$$V_{C_2}\left[\left(n-\frac{1}{2}\right)T_C\right]^+ = \frac{C_1}{C_1+C_2}V_{C_1}\left[\left(n-\frac{1}{2}\right)T_C\right]^- +$$

$$\frac{C_2}{C_1 + C_2} V_{C_2} \left[\left(n - \frac{1}{2} \right) T_C \right]^- \tag{8-24}$$

假定 $V_{C_2} \left[(n - 1/2) T_C \right]^- = 0$,则:

$$V_{C_2} \left[\left(n - \frac{1}{2} \right) T_C \right]^+ = \frac{C_1}{C_1 + C_2} V_{C_1} \left[\left(n - \frac{1}{2} \right) T_C \right] \tag{8-25}$$

在 $(n - 1/2) T_C$ 到 $n T_C$ 区间,电容器 C_1 和 C_2 上的电压均保持 $[(n - 1/2) T_C]^+$ 时刻的值。

以上为电路完成了一个时钟周期的工作过程,此后在每个时钟周期内,都将重复上述工作过程,只是电容器上电压的数值将不断变化。

表示成电路的输出-输入方程一般形式为:

$$V_{C_2} \left[\left(n - \frac{1}{2} \right) T_C \right]^+ - \frac{C_2}{C_1 + C_2} V_{C_2} \left[\left(n - \frac{1}{2} \right) T_C \right]^- = \frac{C_1}{C_1 + C_2} V_{C_1} \left[\left(n - \frac{1}{2} \right) T_C \right]^-$$
$$\tag{8-26}$$

因为

$$V_{C_2} \left[\left(n - \frac{1}{2} \right) T_C \right]^+ = V_{C_2} (n T_C)^-$$

$$V_{C_2} \left[\left(n - \frac{1}{2} \right) T_C \right]^- = V_{C_2} [(n - 1) T_C]^+ \tag{8-27}$$

所以得一个时钟周期内输出与输入电压的关系:

$$V_{C_2} [n T_C] - \frac{C_2}{C_1 + C_2} V_{C_2} [(n - 1) T_C] = \frac{C_1}{C_1 + C_2} V_{C_1} \left[\left(n - \frac{1}{2} \right) T_C \right] \tag{8-28}$$

此电路的输出序列和输入序列的存在时刻不重合,相差半个时钟周期。

8.3.2 开关电容电路的频域分析

在抽样数据电路中,存在输入序列的取值时刻和输出序列的取值时刻不相同的工作状态。在使用两相时钟时,有两种情况:一种是输出和输入序列均在相同时刻取值,另一种是输出和输入序列取值差 $1/2$ 时钟周期。对前一种情况,输出-输入关系是一般的差分方程,可以用 z 变换的方法从时域方程求得电路的频域响应。对后一种情况则需要寻求更一般化的分析离散时间电路频域响应的方法。

对于线性电路,当输入信号是一正弦函数信号时,输出信号仍为一正弦函数信号,只是幅度和相角与输入信号不同。对输出与输入信号取样时刻不同的线性抽样数据电路,仍然可以采用输入不同频率的正弦信号,用输出正弦信号幅度和相位的变化确定频率特性,但输入和输出正弦信号分别是由输入和输出序列确定的。

图 8-18(a)表示输入信号序列,τ_i 表示它与标准时刻之间的延时,虚线表示由该序列所确定的正弦信号 $V_i(j\omega)$;

图 8-18(b)表示输出信号序列,τ_o 表示它与标准时刻之间的延时,虚线表示由该序列所确定的正弦信号 $V_o(j\omega)$;

图 8-18(c)表示输出序列展宽 τ_b 后的输出信号波形。

离散频率响应定义为两者幅度的比值和相位的差,表示为:

$$H_D(j\omega) = \frac{V_o(j\omega)}{V_i(j\omega)} = |H_D(j\omega)| e^{j\varphi(j\omega)} \tag{8-29}$$

由于这两个正弦信号是由两个抽样信号决定的,所以它必然与和有关,这就反映了离散时

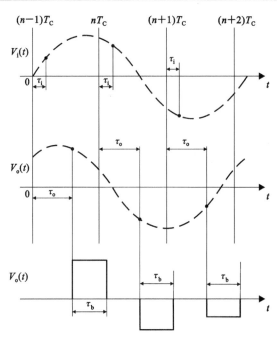

图 8-18　开关电容频域分析图解

间的特性。

为计算离散频率响应,输入试样信号 $U_i(t) = e^{j\omega t}$ 。

对于一个确定的频率 ω_0 ,若已知

$$H_D(j\omega)\mid_{\omega=\omega_0} = \mid H_D(j\omega)\mid e^{j\varphi(\omega)}\mid_{\omega=\omega_0} \tag{8-30}$$

则开关电容电路的输入和输出分别为:

$$U_i(t) = e^{j\omega_0 t}, \quad U_o(t) = H_D(j\omega)\mid_{\omega=\omega_0} e^{j\omega_0 t} \tag{8-31}$$

可见,在固定频率下它们是一对时域信号。

下面针对一个抽样数据电路离散时间的输入-输出方程进行分析。其输入-输出方程为:

$$V_o[(n+1)T_C + \tau_o] - V_o(nT_C + \tau_o) = CV_i(nT_C + \tau_i) \tag{8-32}$$

在某个角频率 ω_0 处的离散频率响应为:

$$H_D(j\omega)\mid_{\omega=\omega_0} \cdot e^{j\omega_0[(n+1)T_C+\tau_o]} - H_D(j\omega)\mid_{\omega=\omega_0} \cdot e^{j\omega_0(nT_C+\tau_o)} = Ce^{j\omega_0(nT_C+\tau_i)} \tag{8-33}$$

于是,

$$H_D(j\omega)\mid_{\omega=\omega_0} = \frac{C}{e^{j\omega_0 T_C}-1}e^{-j\omega_0(\tau_o+\tau_i)} = \frac{C}{2\sin\frac{\omega_0 T_C}{2}} \cdot e^{-j\left(\frac{\pi}{2}+\omega_0\frac{T_C}{2}\right)}e^{-j\omega_0(\tau_o-\tau_i)} \tag{8-34}$$

由于电路表达式中没有随频率变化的元件,在观察频率范围内改变角频率即可得到所需的频率响应:

$$H_D(j\omega) = \frac{C}{2\sin\frac{\omega_0 T_C}{2}} \cdot e^{-j\left(\frac{\pi}{2}+\omega\frac{T_C}{2}\right)}e^{-j\omega(\tau_o-\tau_i)} \tag{8-35}$$

图 8-19 所示为一种开关电容积分器。

如图 8-20 所示,S_3 在 nT_C 时刻闭合时的传输函数:

$$V_o(nT_C) - V_o[(n-1)T_C] = -\frac{C_1}{C_2}V_i[(n-1)T_C]$$

$$V_o(z) - V_o(z)z^{-1} = -\frac{C_1}{C_2}V_i(z)z^{-1}$$

$$H(j\omega) = \frac{V_o(j\omega)}{V_i(j\omega)} = -\frac{C_1}{C_2}\frac{1}{2\sin\dfrac{\omega T_C}{2}} \cdot e^{-j\left(\frac{\pi}{2}+\omega\frac{T_C}{2}\right)} \tag{8-36}$$

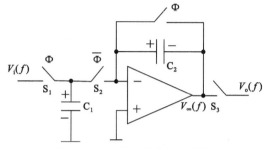

图 8-19 一种开关电容积分器

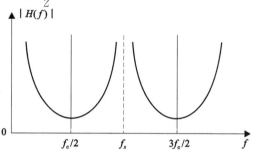

图 8-20 S_3 在 nT_C 时刻闭合时开关电容积分器的频谱

再讨论 S_3 在 $(n-T_C/2)$ 时刻闭合时的传输函数。首先,可以直接列写差分方程:

$$V_o\left[\left(n+\frac{1}{2}\right)T_C\right] - V_o\left[\left(n-\frac{1}{2}\right)T_C\right] = \frac{C_1}{C_2}V_i(nT_C) \tag{8-37}$$

再利用离散频率响应分析方法,可得:

$$H_D(j\omega)e^{j\omega\left[\left(n+\frac{1}{2}\right)T_C\right]} - H_D(j\omega)e^{j\omega\left[\left(n-\frac{1}{2}\right)T_C\right]} = -\frac{C_1}{C_2}e^{j\omega(nT_C)} \tag{8-38}$$

进一步得:

$$H_D(j\omega) = -\frac{C_1}{C_2}\frac{1}{e^{j\frac{\omega T_C}{2}} - e^{-j\frac{\omega T_C}{2}}} \tag{8-39}$$

于是:

$$H_D(j\omega) = -\frac{C_1}{C_2}\frac{1}{2\sin\dfrac{\omega T_C}{2}} \cdot e^{-j\frac{\pi}{2}} \tag{8-40}$$

将 $z^{\frac{1}{2}} = e^{j\frac{\omega T_C}{2}}$ 分别代入式(8-38)、式(8-39)中,得:

$$V_o(z)z^{\frac{1}{2}} - V_o(z)z^{-\frac{1}{2}} = -\frac{C_1}{C_2}V_i(z) \tag{8-41}$$

可得开关电容积分器 z 域的传递函数:

$$H_D(z) = -\frac{C_1}{C_2}\frac{1}{z^{\frac{1}{2}} - z^{-\frac{1}{2}}} \tag{8-42}$$

电路相同,仅输出信号取出时刻不同将导致电路特性的不同,这是抽样数据电路设计分析时的一个重要问题。

8.4 开关电流电路

开关电流电路中,表征信号的变量是电流和电压,用 KVL 和 KCL 分析。开关电流电路是由受时钟信号控制的开关和 MOSFET 组成的电路,利用 MOSFET 栅-源电容对栅-源电压的保持作用实现信号的存储和转移,从而完成各种电路功能。开关电流技术是 20 世纪 80 年代末期提出的,它使用与数字电路兼容的 MOS 工艺,适于低电源电压工作,具有良好的线性工作特性等优点,已经成为抽样数据电路的一个重要分支。

8.4.1 基本开关电流电路

开关电流电路由受时钟控制的开关、电流镜电路构成,利用 MOSFET 栅-源电容的电荷存储效应,完成对输入电流信号的处理。

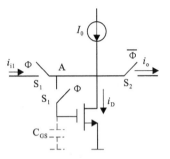

图 8-21 动态电流镜电路

（1）动态电流镜电路

MOSFET 的特点是加在栅-源之间的 V_{GS} 无须栅极电流就可以控制漏极电流,如图 8-21 所示。正是利用了这种特性,把需要处理的模拟信号储存在栅极电容上,利用这种方法来实现动态电流镜的功能。

$(n-1)T_C$ 时刻,S_1 闭合,S_2 断开,则:

$$i_D[(n-1)T_C] = I_0 + i_i[(n-1)T_C] \tag{8-43}$$

$(n-1/2)T_C$ 时刻,S_2 闭合,S_1 断开,则:

$$i_D\left[\left(n-\frac{1}{2}\right)T_C\right] = I_0 - i_o\left[\left(n-\frac{1}{2}\right)T_C\right] \tag{8-44}$$

因为栅-源电容的保持作用,所以

$$i_D\left[\left(n-\frac{1}{2}\right)T_C\right] = i_D\left[\left(n-\frac{1}{2}\right)T_C\right] \tag{8-45}$$

可得:

$$i_o(nT_C) = -i_i\left[\left(n-\frac{1}{2}\right)T_C\right] \tag{8-46}$$

该电路既行使着动态电流镜的功能,又实现半个时钟周期的延时和反相,如图 8-22 所示。为了实现整周期的延时,需要重新考虑电路结构。

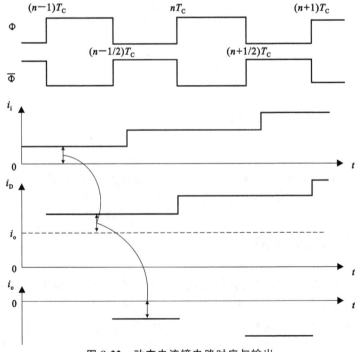

图 8-22 动态电流镜电路时序与输出

（2）开关电流电路延时电路

用两个基本开关电流电路级联，如图 8-23(a)所示，可以实现开关电流电路整周期的延时。

与分析动态电流镜的方法一样，开关电流电路延时电路的工作时序如图 8-23(b)～(g)所示，可直接得到：

$$i_{\mathrm{o}}(nT_{\mathrm{C}}) = - i_{\mathrm{i}}[(n-1)T_{\mathrm{C}}] \tag{8-47}$$

可见，图 8-23(a)所示电路既行使着动态电流镜的功能，又实现一个时钟周期的延时并反相。

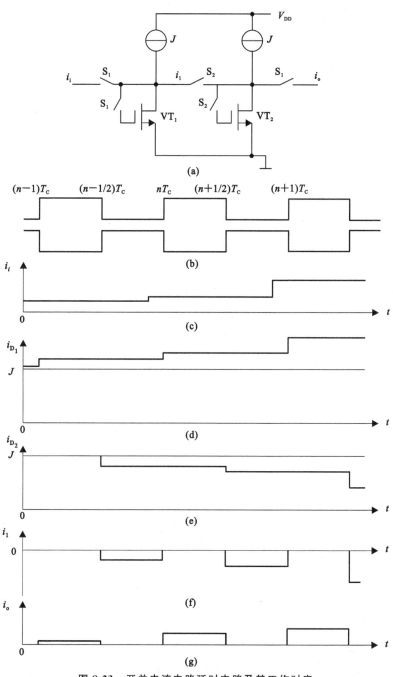

图 8-23　开关电流电路延时电路及其工作时序

8.4.2 开关电流相加电路

图 8-24 所示为开关电流相加电路原理图。电路使用两相不重叠时钟,$(n-1)T_C \sim (n-T_C/2)$ 为 Φ 相,在此期间 S_1 闭合;$(n-T_C/2) \sim (n-1)T_C$ 为 $\overline{\Phi}$ 相,在此期间 S_2 闭合。

在 Φ 相时钟控制的开关 S_1 闭合期间,节点 A 为一低阻抗节点,节点阻抗为:

$$Z_A = g_m + \frac{1}{j\omega C_{gs}} \tag{8-48}$$

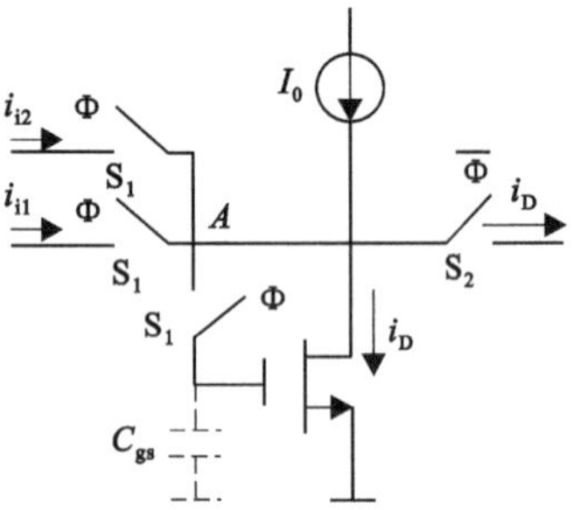

在该节点处可实现电流的相加,所以电流 i_D 为所有进入节点 A 的电流之和:

$$i_D[(n-1)T_C] = i_{i1}[(n-1)T_C] + i_{i2}[(n-1)T_C] + I_0 \tag{8-49}$$

在 $\overline{\Phi}$ 相时钟控制的开关 S_2 闭合期间,由于 MOS 管栅源电容上储存电荷的作用,使栅源电压能够保持。所以输出电流为:

$$\begin{aligned} i_o\left[\left(n-\frac{1}{2}\right)T_C\right] &= I_0 - i_D\left[\left(n-\frac{1}{2}\right)T_C\right] \\ &= I_0 - i_D[(n-1)T_C] \\ &= -\{i_{i1}[(n-1)T_C] + i_{i2}[(n-1)T_C]\} \end{aligned} \tag{8-50}$$

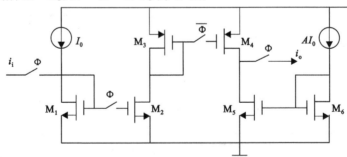

图 8-24　开关电流相加电路原理图

式(8-50)表明,图 8-24 所示电路的输出电流是输入电流反相延时相加的结果。

8.4.3 开关电流乘系数电路

图 8-25 所示为开关电流乘系数电路原理图。电路使用两相不重叠时钟,$(n-1)T_C \sim (n-T_C/2)$ 为 Φ 相;$(n-T_C/2) \sim (n-1)T_C$ 为 $\overline{\Phi}$ 相。

图 8-25　开关电流乘系数电路原理图

类似于比例电流镜,开关电流电路是用改变 MOSFET 的宽长比实现电流成比例的。假设把恒流源 I_0 和 MOS 管 M_1、M_2、M_3 看作 1:1 的电流镜 J_1,把恒流源 AI_0 和 MOS 管 M_4、M_5、M_6 也看作 1:1 的电流镜 J_2。J_2 中 M_4 的宽长比:J_1 中 M_3 的宽长比等于 A。

所以,开关电流电路实现了乘系数运算,即:

$$i_o[(n+1)T_C] = Ai_i(nT_C) \tag{8-51}$$

8.4.4 开关电流积分电路

1.同相无损开关电流积分电路

图 8-26 是一种同相无损开关电流积分电路结构。nT_C 时刻,S_1、S_3、S_4 闭合,S_2 断开;

$(n-1/2)T_C$ 时刻，S_1、S_3、S_4 断开，S_2 闭合。

在 nT_C 时刻，MOS 管 VT_1 的漏极电流为：

$$i_{D1}(nT_C) = J + i_i(nT_C) + i_f(nT_C) \qquad (8-52)$$

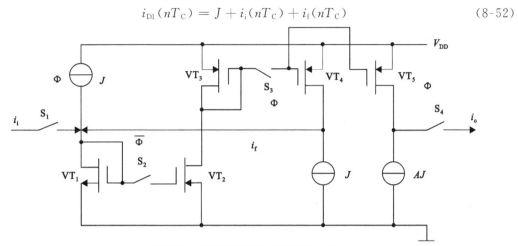

图 8-26 同相无损开关电流积分电路

其中，反馈电流：

$$i_f(nT_C) = \frac{1}{A} i_o(nT_C) \qquad (8-53)$$

在 $(n+1/2)T_C$ 时刻，MOS 管 VT_2、VT_3 的漏极电流为：

$$i_{D_2}\left[\left(n+\frac{1}{2}\right)T_C\right] = i_{D_3}\left[\left(n+\frac{1}{2}\right)T_C\right] = i_{D1}(nT_C) \qquad (8-54)$$

在 $(n+1)T_C$ 时刻，电路的输出电流为：

$$i_o\left[(n+1)T_C\right] = Ai_{D_3}\left[\left(n+\frac{1}{2}\right)T_C\right] - AJ = Ai_{D_1}(nT_C) - AJ = Ai_{D_1}(nT_C) + i_o(nT_C)$$

即：

$$i_o\left[(n+1)T_C\right] - i_o(nT_C) = Ai_i(nT_C) \qquad (8-55)$$

图 8-27 示意了开关电流积分电路的时序与相应时间内支路电流的大小。其中，图 8-27 (a)为输入电流，图 8-27(b)为两相不交叠的开关时序，图 8-27(c)为 MOS 管 VT_1 的漏极电流，图 8-27(d)为 MOS 管 VT_2、VT_3 的漏极电流，图 8-27(e)为反馈电流，图 8-27(f)为输出电流。

2.反相有损开关电流积分电路

图 8-28 中，通过管子尺寸的设计使静态电流偏置满足：

$$I_{D_1} = I_{D_2} = \frac{J_2}{2} = J, \quad J_3 = A_3 J, \quad J_4 = A_4 J$$

电路开关受两相不交叠时钟 Φ 与 $\overline{\Phi}$ 控制开关的导通状态，如图 8-29(a)所示。但任何时间均满足关系式：

$$i_{D_3}(t) = A_3 i_{D_2}(t) = A_3 J - i_f(t) \qquad (8-56)$$

$$i_f(t) = A_3\left[J - i_{D_2}(t)\right] \qquad (8-57)$$

$$i_{D_4}(t) = A_4 i_{D_2}(t) = A_4 J - i_o(t) \qquad (8-58)$$

$$i_o(t) = A_4\left[J - i_{D_2}(t)\right] \qquad (8-59)$$

$$i_{D_2}(t) = J - \frac{i_f(t)}{A_3} \qquad (8-60)$$

$$i_{\mathrm{f}}(t) = \frac{A_3}{A_4} i_{\mathrm{o}}(t) \tag{8-61}$$

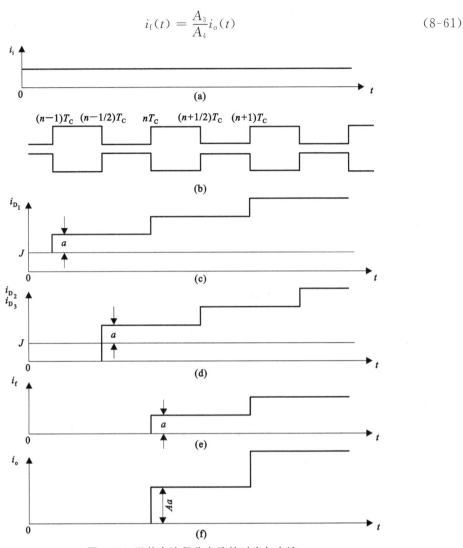

图 8-27　开关电流积分电路的时序与电流

在 $(n-1/2)T_{\mathrm{C}}$ 时刻，MOS 管 M_1 的漏极电流为：

$$i_{\mathrm{D_1}}\left[\left(n-\frac{1}{2}\right)T_{\mathrm{C}}\right] = 2J - i_{\mathrm{D_2}}\left[\left(n-\frac{1}{2}\right)T_{\mathrm{C}}\right] = 2J - i_{\mathrm{D_2}}[(n-1)T_{\mathrm{C}}] \tag{8-62}$$

在 nT_{C} 时刻，MOS 管 M_2 的漏极电流为：

$$i_{\mathrm{D_2}}(nT_{\mathrm{C}}) = i_{\mathrm{i}}(nT_{\mathrm{C}}) + i_{\mathrm{f}}(nT_{\mathrm{C}}) + 2J - i_{\mathrm{D_1}}(nT_{\mathrm{C}}) \tag{8-63}$$

其中，

$$i_{\mathrm{D_1}}(nT_{\mathrm{C}}) = i_{\mathrm{D_1}}\left[\left(n-\frac{1}{2}\right)T_{\mathrm{C}}\right] = 2J - i_{\mathrm{D_2}}\left[\left(n-\frac{1}{2}\right)T_{\mathrm{C}}\right] = 2J - i_{\mathrm{D_2}}[(n-1)T_{\mathrm{C}}]$$

则得：

$$i_{\mathrm{D_2}}(nT_{\mathrm{C}}) = i_{\mathrm{i}}(nT_{\mathrm{C}}) + i_{\mathrm{f}}(nT_{\mathrm{C}}) + i_{\mathrm{D_2}}[(n-1)T_{\mathrm{C}}] \tag{8-64}$$

又因为

$$i_{\mathrm{D_2}}(nT_{\mathrm{C}}) = J - \frac{i_{\mathrm{f}}(nT_{\mathrm{C}})}{A_3}, \quad i_{\mathrm{f}}[(n-1)T_{\mathrm{C}}] = \frac{A_3}{A_4} i_{\mathrm{o}}[(n-1)T_{\mathrm{C}}]$$

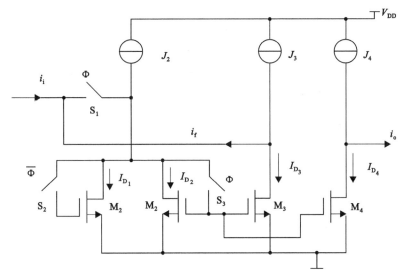

图 8-28   反相有损开关电流积分电路结构

所以得：

$$(1 + A_3)i_o(nT_C) - i_o[(n-1)T_C] = -A_4 i_i(nT_C) \qquad (8\text{-}65)$$

进而可列写出反相有损开关电流积分器传递函数的 z 域表达式：

$$\frac{I_o(z)}{I_i(z)} = -\frac{A_4}{1 + A_3 - z^{-1}} \qquad (8\text{-}66)$$

图 8-29(a)中，Φ 和 $\overline{\Phi}$ 是两相不交叠的开关时序，图 8-29(b)为输入电流，图 8-29(c)为 MOS 管 M_1 的漏极电流，图 8-29(d)为 MOS 管 M_2 的漏极电流，图 8-29(e)为 MOS 管 M_3 的漏极电流，图 8-29(f)为反馈电流，图 8-29(g)为 MOS 管 M_4 的漏极电流，图 8-29(h)为输出电流。各电流大小变化与变化对应的时序已标定。

8.5   开关电容电路和开关电流电路的比较

开关电容电路和开关电流电路均属数据抽取电路，它们都用到了时钟控制下的开关，一般 CMOS 电路中都用到 MOS 开关，在这里就 MOS 开关进行介绍。

由于 MOS 开关不是理想开关，因此给电路带来了许多非理想效应。在实际应用中，使用较多的还有传输门开关电路，下面将对 MOS 开关在工作时产生的各种实际误差展开分析说明。

首先是沟道电荷注入效应，如图 8-30 所示。

当一个 MOS 开关处于导通状态时，二氧化硅与硅的界面必然存在导电沟道。一旦 MOS 开关断开，保存在其沟道中的电荷必然会通过源端和漏端流出，这种现象称为"沟道电荷注入效应"，注入漏端的电荷被输入信号源吸收，不会产生误差，但是注入源端的电荷被叠加到 C_H 上，造成总电荷的变化，进而给采样电压值带来了误差。如图 8-31 所示，电荷注入效应在输出端引起一个负的"台阶"。

第二个误差来源是时钟馈通。时钟馈通是由 MOS 开关的栅漏或栅源交叠电容产生的。当 MOS 开关被关断时，它会将时钟信号的跳变通过其寄生的栅漏或栅源交叠电容耦合到采样电容上，就会给采样输出电压引入误差。

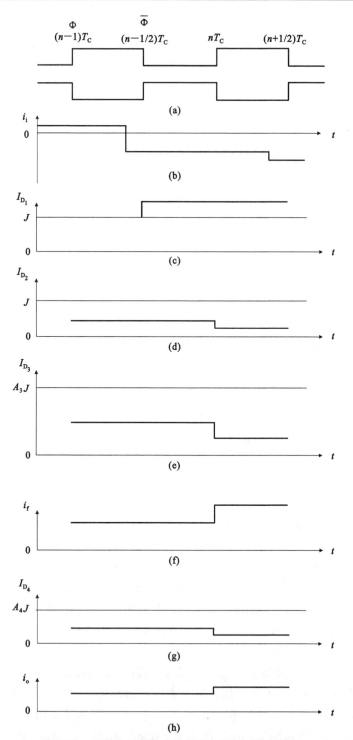

图 8-29　反相有损开关电流积分电路的时序与电流

互补开关由于其线性度较好，而且避免了 NMOS 管在输入电压高时工作性能较差而 PMOS 管的性能在低压下较差的情况，同时其对电荷注入和时钟馈通效应都有一定的抑制作用，如图 8-32 所示。此外，除了使用互补开关来降低电荷注入效应之外，也可以从电路的设计

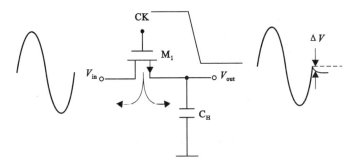

图 8-30　沟道电荷注入效应

来考虑,可以将 DAC 设计为全差分的结构,这样,CMOS 开关在导通时注入电荷,则相当于在比较器的两个输入端均产生电荷注入效应,但由于全差分输出取差值,在输入端等量增加的误差经过相减后消去。由此可知,使用全差分结构能有效地降低共模噪声,故在电路上设计时常采用全差分的结构。

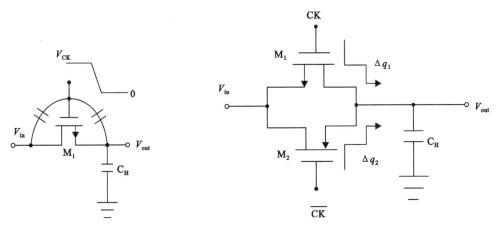

图 8-31　采样电路时钟馈通　　　　**图 8-32　运用互补开关减小电荷注入**

但它们之间存在本质的不同:

① 电路构成开关电容电路是由电容器、受时钟控制的开关和放大器(OPA)构成的;开关电流电路是由受时钟控制的开关、CMOS 器件构成的。

② 利用电荷存储完成信号的存储与延时。开关电容电路利用电容器存储电荷。电容比决定电路参数,对电容比精度有要求;开关电流电路利用 MOS 器件的栅-源电容存储电荷,维持漏极电流,原理上与栅-源电容大小无关。电路参数取决于 MOS 器件的宽长比(W/L)。

③ 开关电容电路需要浮地电容和放大器,电路比开关电流电路复杂。

④ 开关电流电路更适应低电源电压电路。

思考题与习题

8.1　MOS 模拟开关的电荷注入和时钟馈通指的是什么?如何提高模拟开关的性能(速度、精度)?

8.2　抽样数据电路的频率特性有什么特点?这种特点对所处理的信号形成什么限制?输出抽样序列和输入抽样序列的抽样时刻不重合时,其频率特性有什么特点?

8.3 构成抽样数据电路的基本元件有哪些?

8.4 串联、并联基本开关电容单元等效为电阻的条件是什么? 它与实际电阻有什么区别?

8.5 开关电容电路和开关电流电路都是利用开关控制电容器存储电荷这一基本功能,请分析这一功能在两种电路中的作用有什么不同。

8.6 开关电容电路中的运算放大器起什么作用?

8.7 改变哪些参量可以改变开关电容积分器的频率特性?

8.8 开关电容电路中可以使用窄脉冲时钟(理想化为冲激时钟)、两相不重叠时钟等控制开关,开关电流电路是否也都可以使用? 为什么?

8.9 请用并联型基本开关电容单元代替 RC 有源有损积分器中的电阻,画出电路图。在采用冲激时钟情况下,画出两个时钟周期的波形,并分析其损耗机理与 RC 有源有损积分器的区别。

8.10 同相和反相对数域积分器的电路结构有什么不同? 用一般倒相电路能够将同相对数域积分器变为反相吗?

8.11 比较 RC 有源有损积分器和对数域有损积分器实现损耗的机理有什么不同。

8.12 当模拟信号输入抽样数据滤波器时,为什么要加入抗混叠滤波器? 这个滤波器的频率特性应该满足什么要求? 它能否用抽样数据滤波器实现? 为什么?

8.13 S 域和 Z 域之间映射所需要满足的条件有哪些? 其工程含义是什么?

8.14 比较用前向欧拉、后向欧拉、无损离散积分和双线性变换等映射方法得到的积分器数学表达式之间的区别和联系,它们的电路之间有什么联系?

9 集成信号发生器

信号的产生多数是以正弦波、方波为基础,通过对方波积分变换得到三角波和锯齿波的。当然,正弦波也可以通过整形得到方波。因此,正弦波产生电路是信号发生器的基础。

9.1 集成正弦波发生器

集成正弦波发生器主要分为两类:谐波振荡器和张驰振荡器。目前,集成谐波振荡器多采用 LC 谐振电路决定振荡频率。主要有哈特来(Hartley)LC 振荡器、考毕兹(Colpitts)LC 振荡器、克莱普(Clapp)LC 振荡器、差动 LC 振荡器。

9.1.1 正弦波振荡的工作原理

9.1.1.1 起振条件和稳定条件

振荡器是通过正反馈以自激振荡方式使输出信号按一定周期规律变化的电路。反馈振荡器原理框图如图 9-1 所示。

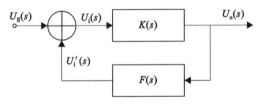

图 9-1 自激振荡原理框图

由图 9-1 可见,反馈振荡系统是由增益为 $K(s)$ 的开环传递部分和反馈系数为 $F(s)$ 的反馈部分组成一个闭合环路。因晶体管寄生电容的存在,闭环增益 $K_u(s)$ 的幅频特性可以看作具有低通滤波特性的传递关系。闭环增益为:

$$K_u(s) = \frac{K(s)}{1 - K(s)F(s)} = \frac{K(s)}{1 - T(s)} \tag{9-1}$$

其中,$T(s)$ 称为反馈系统的环路增益,$s = j\omega$。当 $K_u(s)$ 的值为小于 1 的正实数时,闭环增益比开环增益大,形成增幅振荡,即为正反馈。若在某一频率下,其值等于 1,则闭环增益将趋于无穷大,此时电路有可能振荡。即振荡需满足基本的幅度条件为:

$$T(j\omega) = K(j\omega)F(j\omega) = 1 \tag{9-2}$$

综合考虑幅度与相位对反馈输入的影响,则振荡电路起振条件为:

$$|T(j\omega)| > 1, \quad \angle T(j\omega) = 2n\pi(n \text{ 为正整数}) \tag{9-3}$$

反馈系数 $F(j\omega)$ 不随输入电压的变化而变化。但是,由于晶体管工作区域的限制,开环增益 $K(s)$ 会随着输入电压的增大而减小,这就使得反馈系统的环路增益由 $|T(j\omega)| > 1$ 逐渐过渡到如图 9-2(a)所示的 O 点,最终达到 $|T(j\omega)| = 1$。其建立过程如图 9-2 所示。

于是,幅值平衡条件和相位平衡条件为:

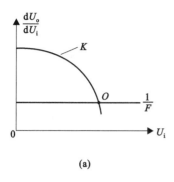

(a)

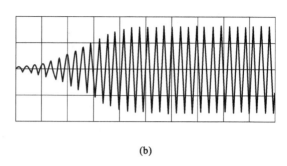

(b)

图 9-2 振幅平衡条件的建立

(a) 振幅稳定过渡条件图解；(b) 增幅振荡到幅度稳定的过渡波形

$$|T(j\omega)| = 1, \quad \angle T(j\omega) = 2n\pi \quad (n \text{ 为正整数}) \tag{9-4}$$

对于一个负反馈电路，根据巴克豪森准则（Barkhausen criterion），如果满足两个条件：

$$|T(j\omega_0)| \geqslant 1, \quad \angle T(j\omega_0) = \varphi = 180° \tag{9-5}$$

电路就会在频率 ω_0 振荡。这两个条件是必要但非充分的。在温度和工艺参数变化的情况下，为了确保振荡，必须选择环路增益至少 2 倍或 3 倍于所要求的值。在 CMOS 环形振荡电路中的电容一般是利用延迟单元中 MOS 管的寄生电容，但也可以接外部的电容。相位延迟是通过对电容的充放电来实现的。

图 9-3 给出了 A、B 两个负反馈电路幅频与相频特性示意图。其中，A 电路在 ω_1 处，相移 180° 且环路增益大于 1，满足 Barkhausen criterion，电路可以在 ω_1 上振荡；B 电路在 ω_2 处，虽然相移 180° 但环路增益小于 1，不满足 Barkhausen criterion，因此，电路不可能振荡。

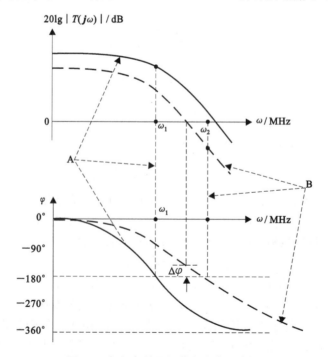

图 9-3 起振条件及振荡频率点示意图

在带有反馈回路的电路中，为了防止电路的自激振荡，必须设法破坏这一振荡条件以保证电路稳定地工作。通常,把单位增益对应的频率信号经电路产生的相移与$-180°$之差称为相位裕度,如图9-3中的$\Delta\varphi$。它是用于表征电路系统是否稳定的重要参数。其实质就是描述对振荡条件的破坏程度。破坏振荡条件常常是通过零、极点的配置来实现的,集成运算放大器中的密勒(Miller)补偿就属此类。一般认为相位裕度在$45°\sim65°$之间电路系统比较稳定。而振荡器则是努力地创造并提供特定频率上的振荡条件,使电路在预定的频率点上振荡。

毫无疑问,设计者总希望处于平衡状态的振荡器输出在预设频率上稳定地振荡。但是,振荡器在工作的过程中不可避免地要受到外界各种因素的影响,如温度改变、电源电压的波动等,这些变化将使放大器放大倍数和反馈系数改变,破坏原来的平衡状态,对振荡器的正常工作将会产生影响。如果通过放大和反馈的不断循环,振荡器能在原平衡点附近建立起新的平衡状态,而且当外界因素消失后,振荡器能自动回到原平衡状态,则原平衡点是稳定的;否则,原平衡点是不稳定的。振荡器的振幅稳定条件为:

$$\left.\frac{\partial T}{\partial U_i}\right|_{U_i=U_{io}} < 0 \text{ 或} \left.\frac{\partial K}{\partial U_i}\right|_{U_i=U_{io}} < 0 \tag{9-6}$$

正弦信号的相位φ和它的频率ω之间存在微分、积分关系:

$$\varphi = \int \omega dt \text{ 或} \omega = \frac{d\varphi}{dt} \tag{9-7}$$

因此,相位的变化必然要引起频率的变化,频率的变化也必然引起相位的变化。

设振荡器在原$\omega = \omega_1$时处于相位平衡状态,假设$\varphi_1 = 0$,现因外界原因使振荡器的反馈电压$U_i'(s)$的相位超前原输入信号$U_i(s)$。由于反馈信号相位提前[即每一周期中$U_i'(s)$]的相位均超前$U_i(s)$,使振荡周期缩短,或者说振荡频率提高,比如提高到$\omega_2(\omega_2>\omega_1)$。当外界因素消失后,显然$\omega_2$处不满足相位平衡条件,这时$\varphi_2 < \varphi_1 = 0$,导致振荡周期增长,振荡频率降低,又恢复到原来的振荡频率ω_1。

上述相位稳定是靠ω增加、φ降低来实现的,如图9-4所示。因此相位稳定条件为:

$$\left.\frac{\partial\varphi}{\partial\omega}\right|_{\omega=\omega_1} < 0 \tag{9-8}$$

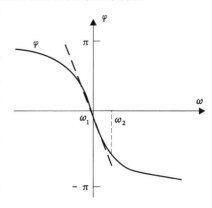

图9-4 振荡器稳定条件的相频特性图示

9.1.1.2 振荡 MOSFET 的高频小信号模型和特征频率

MOS 场效应管(MOSFET)是构成集成振荡的基本元件,其基本参数能决定振荡器能否振荡和稳定工作的关键。对 MOSFET 特性正确的把握是理解振荡器工作原理和性能评价的基础,对振荡器的正常工作和性能改善在设计上起着作用。

MOSFET 的高频小信号模型与低频小信号模型相比,增加了各部分存在的寄生电容,如图9-5所示。低频小信号模型将 MOSFET 看作是输入阻抗无穷大的电压控制的电流源(Voltage-Controlled Current Source,VCCS),高频小信号模型不容忽略的寄生电容使得输入阻抗再不是无穷大,呈复阻抗性质。传递函数具有不同于直流小信号的表达形式,寄生电容为交流信号提供了通路,决定着晶体管工作的频率上限(一般用特征频率f_t表征)。

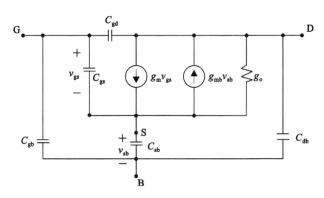

图 9-5　MOSFET 的交流小信号等效模型

图中，C_{gb}、C_{gd}、C_{gs}、g_m、g_{mb}、g_o 分别为栅衬电容、栅漏电容、栅源电容、源衬电容、跨导、衬底驱动跨导、输出电导。

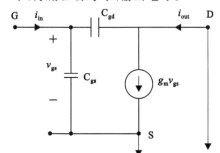

图 9-6　MOSFET 交流小信号简化模型

忽略栅衬电容和沟道调制效应，则图 9-5 所示 MOSFET 的交流小信号等效模型可简化为图 9-6。

当负载电抗为 0（即输出短路）时，电流单位增益下的特征频率：

$$f_t = f \big|_{i_{out}} = i_{in} \tag{9-9}$$

$$i_{in} = j\omega C_{gs} v_{gs} + j\omega C_{gd} v_{gs} \tag{9-10}$$

$$i_{out} = g_m v_{gs} - j\omega C_{gd} v_{gs} \tag{9-11}$$

当在 $\omega_t (= 2\pi f_t)$ 处，$|i_{out}| = |i_{in}|$，由式(9-9)～式(9-11)得：

$$f_t = \frac{g_m}{2\pi C_{gs}\sqrt{1 + \dfrac{2C_{gd}}{C_{gs}}}} \approx \frac{g_m}{2\pi C_{gs}} \tag{9-12}$$

此即特征频率，它所对应的频率表征了 MOSFET 的上限频率。当工艺特征尺寸减小到原来的 $1/k$ 后，若宽长比不变，理想情况下式(9-12)中 g_m 不变、C_{gs} 按 $1/k$ 缩小，那么，f_t 增加 k 倍。

可见，MOSFET 的寄生参数和与本身尺寸相关的跨导共同决定了它能够工作的频率上限。相应地，由 MOSFET 构成振荡器的工作状况也受单个晶体管的影响和限制。

9.1.2　谐波振荡器

目前，集成谐波振荡器多采用 LC 谐振电路。如果放大器负载采用图 9-7(a)中的 LC 谐振网络，则构成了 LC 振荡器。

(1) 集成谐波振荡器中的 LC 谐振网络

实际电路中一般认为电容的 Q 值较高，主要的损耗在电感的寄生电阻上。LC 振荡器相比于后面讲述的由 RC 延时单元构成的振荡器能够获得较好的相位噪声性能。

LC 谐振网络两端呈现的阻抗：

$$Z_{eq}(s) = \frac{sL_s + R_s}{s^2 L_s C_s + sR_s C_s + 1}$$

由此可得：

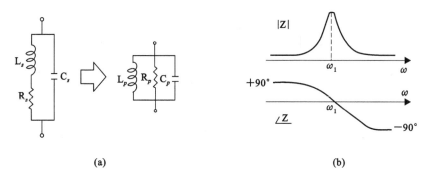

图 9-7 LC谐振网络

$$|Z_{eq}(s=j\omega)|^2 = \frac{\omega^2 L_s^2 + R_s^2}{(1-L_sC_s\omega^2)^2 + R_s^2C_s^2\omega^2} \tag{9-13}$$

定义 $Q = \dfrac{\omega L_s}{R_s}$，$R_p \approx Q^2 R_s$，$\omega_1 = \dfrac{1}{\sqrt{L_pC_p}}$。

网络阻抗的幅频、相频特性曲线如图 9-7(b)所示。

可以看出，在极低频或者极高频时该网络的阻抗很小，相移分别是 $+90°$ 和 $-90°$。在 ω_1 频率附近幅频曲线出现一个尖峰，此时网络的相移为 $0°$。

（2）集成电路中的电感

一般 LC 振荡器中集成螺旋电感因占用芯片面积大、Q 值低等缺点，常采用外接电感集构成谐振电路，这不利于电路的全集成。目前，用有源电感取代无源电感构成谐振电路是一种趋势。

有源电感可采用多种方式来实现，其中用第二代电流传输器就可实现有源接地电感和有源浮地电感。其中，有源浮地电感在应用中具有灵活性，适用于 LC 振荡器。

有源电感的实质是利用回转器将电阻、电容作回转，使得 $\mathrm{VT_1}$、$\mathrm{VT_2}$ 之间具有感抗，呈现电感特性。第二代电流传输器接成的回转器如图 9-8、图 9-9 所示。

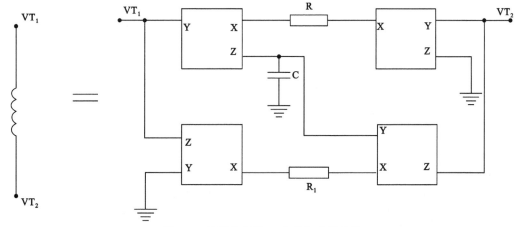

图 9-8 单端输出型 CCⅡ 的忆感器模拟

图 9-8 中 CCⅡ是单端输出型的，根据单端输出 CCⅡ 输入、输出之间的约束关系，可得：

$$I = \frac{1}{CRR_1\left(x,\frac{\varphi}{RC}\right)}\varphi = [L(x,\varphi)]^{-1}\varphi \tag{9-14}$$

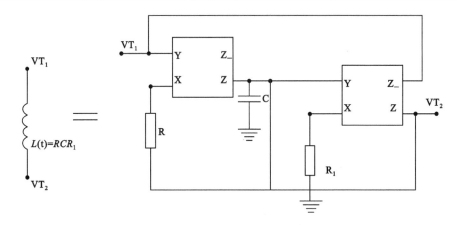

图 9-9　双端输出型 CCⅡ的忆感器模拟

$$\frac{\mathrm{d}x}{\mathrm{d}t} = f\left(x,\frac{\varphi}{RC}\right) \tag{9-15}$$

即得：

$$L(t) = RCR_1 \tag{9-16}$$

图 9-9 中 CCⅡ是双端输出型 CCⅡ反馈结构。图 9-9 所示电路是利用两个电阻器、一个电容和两个双端输出型 CCⅡ等效的一个浮地电感器。

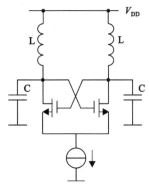

图 9-10　LC 谐波振荡器

根据单端输出型 CCⅡ输入、输出之间的关系，同理可得：$L(t) = RCR_1$，具有与式(9-16)相同的结果。

（3）集成 LC 振荡器电路

用谐振电路作为反馈、选频网络，可得到如图 9-10 所示的 LC 振荡器电路。

此 LC 谐波正弦波振荡器的振荡频率主要取决于电感参数、电容的大小，受 MOS 管参数的影响，其频率约为 $f \approx \frac{1}{2\pi\sqrt{LC}}$。

但会受到 MOS 特征频率 $f_t \approx \frac{g_m}{2\pi C_{gs}}$ 的限制，f 总是要小于 f_t 的。

9.2　张弛振荡器

张弛振荡器主要靠对储能元件(主要是电容)进行充放电工作。一般电路由一个强烈正反馈的环路构成。

张弛振荡器噪声性能要比 LC 振荡器差，但面积小，调谐范围宽。

9.2.1　多谐振荡器

多谐振荡器是张弛振荡器的一种形式，如图 9-11 所示。VT_1、VT_2 连接成二极管形式作为 VT_3、VT_4 的负载管，VT_3、VT_4 为开关管，VT_5、VT_6 为压控恒流管。假定电路上电时，VT_3 导通，VT_4 截止，那么，C 点电压高于 D 点电压，形成由 V_{DD} 经 VT_1、VT_3、C_{SS}、VT_6 到地

对 C_{ss} 充电回路,随着充电的进行,C 点、A 点的电压逐渐升高,当 C 点电压升高至 VT_3 的 V_{GS3} 小于阈值电压 V_{TH3},同时 A 点的电压升高至 VT_4 的 V_{GS4} 大于阈值电压 V_{TH4} 时,VT_3 关断,VT_4 导通,电路的工作状态进行了一次反转。

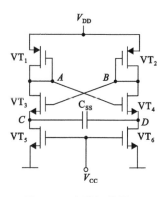

图 9-11 多谐振荡器

在 VT_3 导通、VT_4 截止的情况下,D 点电压高于 C 点电压,形成由 V_{DD} 经 VT_2、VT_4、C_{ss}、VT_5 到地对 C_{ss} 充电回路,随着充电的进行,D 点、B 点的电压逐渐升高,当 D 点电压升高至 VT_4 的 V_{GS4} 小于阈值电压 V_{TH4},同时 B 点的电压升高至 VT_2 的 V_{GS2} 大于阈值电压 V_{TH2} 时,VT_4 关断,VT_3 导通,电路的工作状态进行再次反转。这样电路周而复始地交替工作形成振荡,由 A、B、C、D 四个点任意一点输出均可。在振荡频率较低时,输出近似为方波;在振荡频率较高时,输出近似为正弦波,但相位噪声较大。

图 9-11 中,V_{CC} 为控制电压,调节 V_{CC} 可以改变 VT_5、VT_6 的恒流大小,通过恒流偏置的改变可以影响充电电流的大小,进而使振荡频率发生改变,此即压控多谐振荡器。

9.2.2 环形振荡器

环形振荡器也属于张弛振荡器。其最大的优点是结构简单,如图 9-12 所示,因而得到广泛运用。

(1)反相放大器组成的环形振荡器

对于一个总直流相位偏移 $180°$ 的 n 级反相放大器组成的环形振荡器,环路振荡周期为 $2nT_d$(T_d 为门延迟)。

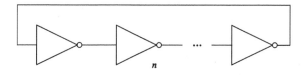

图 9-12 环形振荡器示意图

环形振荡器振荡频率可以通过改变延迟单元的参数加以控制,形成压控振荡器(VCO)。

(2)环形压控振荡器

一种是延迟单元偏置电压直接可控,一种是通过增加附加电路来实现。

图 9-13 中,每一级 CMOS 反相放大单元跟随着一个通过一只 MOS 管实现的电阻可变的 RC 延迟网络。

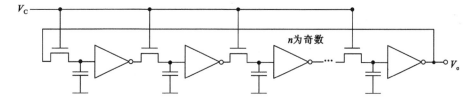

图 9-13 RC 网络型环形压控振荡器原理图

改变 MOS 管的栅极控制电压,即改变了 MOS 管的沟道电阻,从而改变 RC 延迟网络的延迟时间,改变了环路的振荡频率。

为了修整环形压控振荡器所产生方波的上升与下降沿,加速反转过渡时间,出现了一种矢量叠加型环形 VCO,如图 9-14 所示。

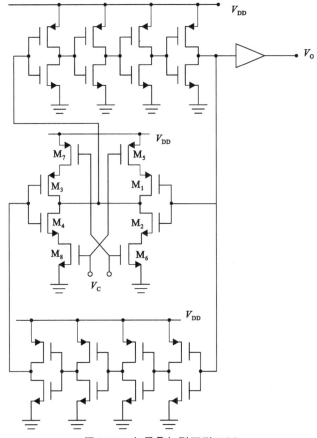

图 9-14 矢量叠加型环形 VCO

图 9-14 中上、下各安排了 4 级反相器,中间是一个压控恒流负载反向叠加单元,控制电压 V_C 决定着本单元的反向运算速度,在一定程度上起到调节频率的作用。

图 9-14 实际上是 9 级反相器构成的环形 VCO。

(3) 差分增益级环形振荡器

为了满足环形振荡相位条件,构成的环形振荡器反相器的数目均为奇数。

但如果放大级采用如图 9-15 所示的差分结构,就不一定要求级数是奇数了。因为只要把差分输入两端调换一下位置,就可以实现直流 180°的倒相。所以用差分对形式的增益级可以构成偶数级的环形振荡器。这点是比较重要的特性。

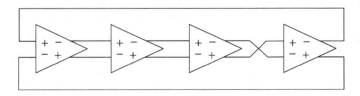

图 9-15 差分增益级环形振荡器

下面从定性和定量两个方面介绍一种两级差分 CMOS 环形振荡器电路的结构与原理。

无感环形振荡器因电路结构简单、输出频率高、易于用常规 CMOS 工艺实现等优点引起了人们在特定集成电路系统应用的研究兴趣。但是,它固有相位噪声大、频率稳定性差的缺陷限制了其在一些对振荡信号质量要求较高场合的使用。基本的两级差分 CMOS 环形振荡器结构,如图 9-16(a) 为差分延时单元,(b) 为此差分延迟单元构成的两级环形振荡器,(c) 为闭环传输系统。

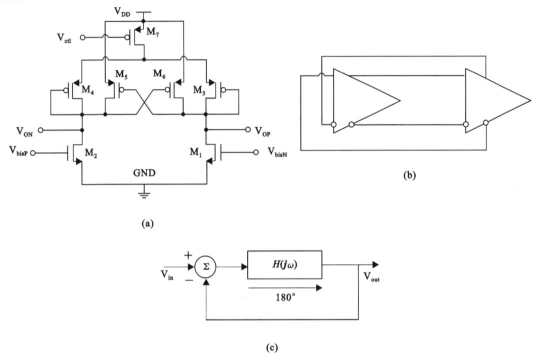

图 9-16 延迟单元及其构成两级差分环形振荡器闭环系统
(a) 延迟单元;(b) 两级延迟单元构成的环形振荡器;(c) 闭环传输系统

图 9-16(b) 所示为差分两级延迟单元构成的负反馈结构,可通过图 9-16(c) 所示的闭环传输系统来分析其起振条件。

对于一个由负反馈连接方式组成的闭系统而言,其传输函数为:$\dfrac{V_{out}}{V_{in}} = \dfrac{H(j\omega)}{1 + H(j\omega)}$,要使其发生振荡,必须满足两个 Barkhausen 准则,即振荡器系统的开环增益 $|H(j\omega)| \geqslant 1$、延迟单元相位总的偏移须达到 $180°$。

相应地,电压对振荡频率控制范围的机理也有要求:凡是某一参量通过电压控制调节后,均满足这两个条件的所有频率点构成 VCO 频率可调范围。

图 9-16(a) 中延时单元半电路(由 M_2、M_4、M_5、M_7 构成)为图 9-17(a);其小信号等效模型如图 9-17(b) 所示。由此得到延时单元的传递函数。

此传输函数为:

$$A(S) = \frac{V_O}{V_{in}} = \frac{g_{mm2}}{(-g_{mm5} + g_{mm4} + G_L) + sC_L} \tag{9-17}$$

式中,

$$G_L = g_{dm2} + g_{dm5} + g_{dm4}$$
$$C_L = C_{gsm2} + 2C_{gdm2} + C_{dbm2} + C_{gsm5} + 2C_{gdm5} + C_{dbm5} + C_{gsm4} + C_{dbm4} + C_{buffer}$$

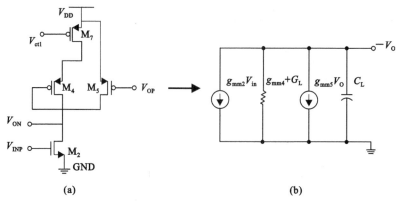

图 9-17 延时单元半电路及其小信号等效模型

(a) 延时单元半电路;(b) 小信号等效模型

其中,g_m 为跨导,g_d 是沟道电导,C_{gs}、C_{gd}、C_{db}、C_{buffer} 分别为栅源电容、栅漏电容、漏衬电容、负载电容。

环形振荡器要保持稳定振荡,在振荡频率 f_{osc} 处,延迟单元总相移要达到180°,每级延迟单元的电压总增益需要等于1,得到环形 VCO 振荡频率。

$$f_{osc} = \frac{1}{2\pi} \sqrt{\frac{g_{mm2}^2 - (-g_{mm5} + g_{mm4} + G_L)^2}{C_L^2}} \tag{9-18}$$

对于两级差分延时单元构成的环形振荡器,每级迟滞相移需满足:

$$\Delta\theta = \arctan\left[-\sqrt{\frac{g_{mm2}^2 - (-g_{mm5} + g_{mm4} + G_L)^2}{(-g_{mm5} + g_{mm4} + C_L)^2}}\right] \approx -90° \tag{9-19}$$

控制 M_7 的电流可以改变输出电导 g_{mm4},当输出电导 $G_L + g_{mm4}$ 完全补偿负阻 $-g_{mm5}$ 时,振荡频率达到最大值;当 M_7 截止时,$g_{mm5} \gg G_L + g_{mm4}$。最大、最小振荡频率分别为:

$$f_{max} = \frac{g_{mm2}}{2\pi C_L}$$

$$f_{min} = \frac{1}{2\pi} \sqrt{\frac{g_{mm2}^2 - g_{mm5}^2}{C_L^2}} \tag{9-20}$$

外加电压改变流经 P 型管 M_7 的电流,可使 M_4 的跨导 g_{mm4} 得到相应的调节,从而按照式(9-18)所表达的规律振荡。此结构的延迟单元中引入负跨导,频率调节器件采用图 9-16(a)所示的叠加方式,可以设计不同电源电压(1.5~3.0 V)下带宽范围不同和相位噪声有别的环形压控振荡器,但在更低的电源电压下工作时,频率调节范围受到了很大的限制。

思考题与习题

9.1 正弦波振荡的起振条件和稳定条件各是什么?

9.2 试根据 MOSFET 的高频小信号模型推导 MOS 管的特征频率 f_t。

9.3 用有源电路实现等效电感的原理是什么? 请举出三种实现等效电感的原理电路。

9.4 图 9-13 中压控环形振荡器,每一级 CMOS 反相放大单元跟随着一个通过一只 MOS 管实现的电阻可变的 RC 延迟网络。改变 MOS 管的栅极控制电压,来改变 MOS 管沟道电阻 R。试计算每一 RC 延迟网络的延迟时间和环路的振荡频率。

9.5 何谓多谐振荡器? 为什么说多谐振荡器相位噪声较大?

10 集成稳压电源

电子设备都需要稳定的直流电源,功率较小的直流电源大多都是将 50 Hz 的交流电经过整流、滤波和稳压后获得。线性稳压电源包括变压、整流、滤波、稳压四个模块。其中,稳压电路的作用是当输入交流电压波动、负载和温度变化时,维持输出直流电压的稳定。稳压电路是维持输出直流电压稳定的核心,易于集成为集成稳压器。集成稳压器具有输出电流大,输出电压高,体积小,可靠性高等优点,在电子电路中应用广泛。

集成稳压器有多种分类方法。按外部结构可分为三端、多端;按输出电压可调性可分为可调式和固定式;按输出电压变换过程可分为线性和开关式;按输出电压极性可分为正电压型和负电压型。

本章讲述开关式和三端线性集成稳压器,重点介绍三端线性集成稳压器。

10.1　固定稳压的三端线性集成稳压器

三端固定稳压器有正输出和负输出两种类型,正输出稳压 IC 有 W78×× 系列、W78M×× 系列、W78L×× 系列,负输出稳压 IC 有 W79×× 系列、W79M×× 系列、W79L×× 系列,最常用的是正输出大电流的 W78×× 系列。×× 表示稳压值,例如,W7806 表示稳定输出电压为 6 V,W7812 表示稳定输出电压为 12 V。三端集成稳压器的输出电流有大、中、小之分,并分别由不同符号表示。

输出为小电流,代号"L"。例如,78L××,最大输出电流为 0.1 A。

输出为中电流,代号"M"。例如,78M××,最大输出电流为 0.5 A。

输出为大电流,代号"S"。例如,78S××,最大输出电流为 2 A。

10.1.1　固定稳压的线性集成稳压器的电路结构

线性集成稳压器由基准电压电路、输出取样电路、误差比较放大电路、调整电路、启动电路和保护电路组成,如图 10-1 所示。

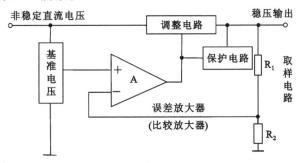

图 10-1　线性集成稳压器的基本构成框图

以具有正电压输出的 78L×× 系列电路图(图 10-2)为例介绍线性集成稳压器的工作原理。

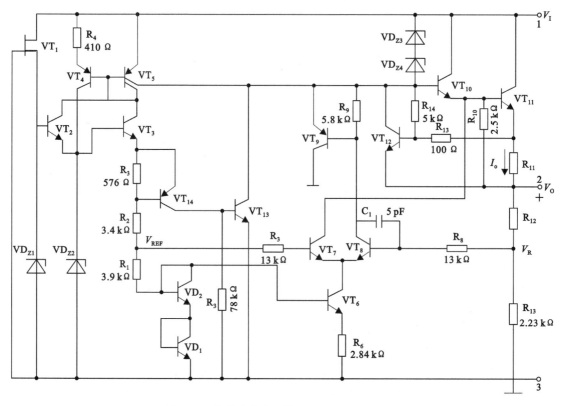

图 10-2　线性集成稳压器 78L×× 系列电路图

与图 10-1 相对应,图 10-2 中电路所示的三端式稳压器由启动电路、基准电压电路、取样比较放大电路、调整电路和保护电路等部分组成。下面对各部分电路做简单介绍。

(1) 启动电路

在集成稳压器中,常常采用许多恒流源,当输入电压 V_I 接通后,这些恒流源难以自行导通,以致输出电压较难建立。因此,必须用启动电路给恒流源的 BJT VT_4、VT_5 提供基极电流。启动电路由 VT_1、VT_2、VD_{Z1} 组成。当输入电压 V_I 高于稳压管 VD_{Z1} 的稳定电压时,有电流通过 VT_1、VT_2,使 VT_3 基极电位上升而导通,同时恒流源 VT_4、VT_5 也工作。VT_4 的集电极电流通过 VD_{Z2} 以建立起正常工作电压,当 VD_{Z2} 达到和 VD_{Z1} 相等的稳压值,整个电路进入正常工作状态,电路启动完毕。与此同时,VT_2 因发射结电压为零而截止,切断了启动电路与放大电路的联系,从而保证 VT_2 左边出现的纹波与噪声不致影响基准电压源。

(2) 基准电压电路

基准电压电路由 VT_4、VD_{Z2}、VT_3、R_1、R_3 及 VD_1、VD_2 组成,电路中的基准电压为:

$$V_{REF} = \frac{V_{Z2} - 3V_{BE}}{R_1 + R_2 + R_3} R_1 + 2V_{BE} \tag{10-1}$$

式中,V_{Z2} 为 VD_{Z2} 的稳定电压,V_{BE} 为 VT_3、VD_1、VD_2 发射结(VD_1、VD_2 为由发射结构成的二极管)的正向电压值。在电路设计和工艺上使具有正温度系数的 R_1、R_2、VD_{Z2} 与具有负温度系数的 VT_3、VD_1、VD_2 发射结互相补偿,可使基准电压 V_{REF} 基本上不随温度变化。同时,对稳压管 VD_{Z2} 采用恒流源供电,从而保证基准电压不受输入电压波动的影响。

（3）取样比较放大电路和调整电路

这部分电路由 $VT_4 \sim VT_{11}$ 组成，其中 VT_{10}、VT_{11} 组成复合调整管；R_{12}、R_{13} 组成取样电路；VT_7、VT_8 和 VT_6 组成带恒流源的差分式放大电路；VT_4、VT_5 组成的电流源作为它的有源负载。

VT_9、R_9 的作用说明如下：如果没有 VT_9、R_9，恒流源管 VT_5 的电流 $I_{C_5} = I_{C_8} + I_{B10}$，当调整管满载时，$I_{B10}$ 最大，I_{C_8} 最小；而当负载开路时，$I_O = 0$，I_{B10} 也趋于零，这时 I_{C_5} 几乎全部流入 VT_8，使得 I_{C_8} 的变化范围大，这对比较放大电路来说是不允许的，为此接入由 VT_9、R_9 集成的缓冲电路。当 I_O 减小时，I_{B10} 减小，I_{C_8} 增大，待 I_{C_8} 增大到 $V_R > 0.6$ V 时，则 VT_9 导通起分流作用。这样就减轻了 VT_8 的过多负担，使 I_{C_8} 的变化范围缩小。

（4）保护电路

保护电路由两部分电路组成，分别为减流式保护电路和过热保护电路。

① 减流式保护电路。

减流式保护电路由 VT_{12}、R_{11}、R_{15}、R_{14} 和 VD_{Z3}、VD_{Z4} 组成，R_{11} 为检流电阻。保护的目的主要是使调整管（主要是 VT_{11}）能在安全区以内工作，特别要注意使它的功耗不超过额定值 P_{CM}。首先考虑一种简单的情况。假设图 10-2 中的 VD_{Z3}、VD_{Z4} 和 R_{14} 不存在，R_{15} 两端短路。这时，如果稳压电路工作正常，即 $P_C < P_{CM}$ 并且输出电流 I_O 在额定值以内，流过 R_{11} 的电流使 $V_{R_{11}} = I_O R_{11} < 0.6$V，$T_{12}$ 截止。当输出电流急剧增加，例如，输出端短路，输出电流超过极限值 $[I_{O(CL)} = P_{CM}/V_I = 0.6$ V$/R_{11}]$ 时，即当 $V_{R_{11}} > 0.6$ V 时，使 T_{12} 管导通。由于它的分流作用，减小了 T_{10} 的基极电流，从而限制了输出电流。这种简单限流保护电路的不足之处是只能将输出电流限制在额定值以内。由于调整管的耗散功率 $P_{CM} = I_C V_{CE}$，只有既考虑通过它的电流和它的管压降 V_{CE} 值，又使 $P_C < P_{CM}$，才能全面地进行保护。图 10-2 中 VD_{Z3}、VD_{Z4} 和 R_{14}、R_{15} 所构成的支路就是为实现上述保护目的而设置的。电路中如果 $(V_I - I_O R_{11} - V_O) > (V_{Z3} + V_{Z4})$，则 VD_{Z3}、VD_{Z4} 击穿，导致 VT_{12} 管发射结承受正向电压而导通。V_{BE12} 的值为：

$$V_{BE12} = I_O R_{11} + \frac{V_I - V_{Z3} - V_{Z4} - I_O R_{11} - V_O}{R_{14} + R_{15}} R_{15} \qquad (10\text{-}2)$$

经整理后得：

$$I_O = V_{BE12} \frac{R_{14} + R_{15}}{R_{11} R_{14}} - [(V_I - V_O) - V_{Z3} - V_{Z4}] \frac{R_{15}}{R_{14} R_{11}} \qquad (10\text{-}3)$$

显然，$(V_I - V_O)$ 越大，即调整管的 V_{CE} 值越大，则 I_O 越小，从而使调整管的功耗限制在允许范围内。由于 I_O 减小，故上述保护称为减流式保护。

② 过热保护电路。

电路由 VD_{Z2}、VT_3、VT_{14} 和 VT_{13} 组成。在常温时，R_3 上的压降仅为 0.4 V 左右，VT_{14}、VT_{13} 是截止的，对电路工作没有影响。当某种原因（过载或环境升温）使芯片温度上升到某一极限值时，R_3 上的压降随 VD_{Z2} 的工作电压升高而升高，而 VT_{14} 的发射结电压 V_{BE14} 下降，导致 VT_{14} 导通，VT_{13} 也随之导通。调整管 VT_{10} 的基极电流 I_{B10} 被 VT_{13} 分流，输出电流 I_O 下降，从而达到过热保护的目的。

电路中 R_{10} 的作用是给 VT_{10} 的 I_{CEO10} 和 VT_{11} 管的 I_{CBO11} 一条分流通路，以改善温度稳定性。

10.1.2　集成线性固定稳压器的主要参数

集成线性固定稳压器的主要参数如表 10-1 所示。

表 10-1 　　　　　　　　**78、79 系列集成稳压器主要参数**

参数 类型	型号	最大输出 电流	峰值输出 电流	固定输出 电压	最高输入 电压	最低输入 电压	备注
78 系列 正输出	W78××	1.5 A	3.5 A	5V、6V 8V、9V 12V、15V 18V、24V	35V	U_0+2V $(U_0<12$V 时) U_0+3V $(U_0>15$V 时)	功耗超过 1 W需加散热片,随功耗的增加,散热片的面积、厚度相应增大
	W78M××	0.5 A	1.5 A				
	W78L××	0.1 A	0.2 A				
79 系列 负输出	W79××	−1.5 A	−3.5 A	−5V、−6V −8V、−9V −12V、−15V −18V、−24V	−35V	$U_0+(-2$V) $(|U_0|<12$V 时) $U_0+(-3$V) $(|U_0|>15$V 时)	
	W79M××	−0.5 A	−1.5 A				
	W79L××	−0.1 A	−0.2 A				

10.1.3 　固定稳压的三端线性集成稳压器的应用

固定输出的三端集成稳压器的三端分别为输入端、输出端及公共端三个引出端,其外形及符号如图 10-3 所示。

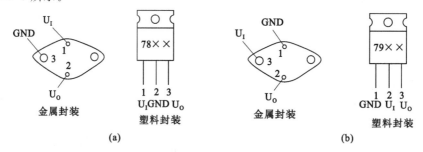

图 10-3　三端集成稳压器的封装形式和引脚功能

(a) 78××系列的正电压输出;(b) 79××系列的负电压输出

(1) 典型应用电路

78××系列的基本应用电路如图 10-4 所示。

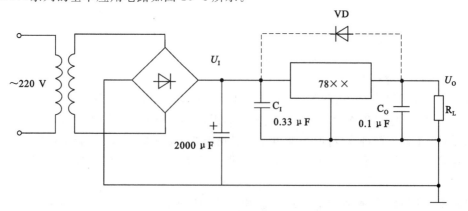

图 10-4　78××的基本应用电路

图 10-4 中,输入电压的选择是:$U_{max}>U_I>U_0+2$V,其中,U_{Imax}为产品允许的最大输入电压;U_0 为输出电压,2 V 为最小输入与输出电压差。电路中 C_I 的作用是消除输入连线较长时其电感效应引起的自激振荡,减小纹波电压。在输出端接电容 C_0 是用于消除电路高频噪声。

一般 C_1 选用 0.33 μF,C_0 选用 0.1 μF。电容的耐压应高于电源的输入电压和输出电压。若 C_0 容量较大,一旦输入端断开,C_0 将从稳压器输出端向稳压器放电,易使稳压器损坏。因此,可在稳压器的输入端和输出端之间跨接一个二极管 VD 起输入短路保护作用。

（2）提高输出电压电路

为了提高输出电压,可采用稳压管和电阻升压法来达到目的。图 10-5 所示为采用稳压管提高输出电压电路,输出电压为:

$$U_O = U_{OO} + U_Z \tag{10-4}$$

式中,U_{OO} 为 78×× 系列产品输出电压,U_Z 为稳压二极管 VD_Z 的稳定电压。

图 10-6 所示为采用电阻升压法提高输出电压电路。因为

$$I_1 = \frac{U_{OO}}{R_1}$$

$$I_2 = I_1 + I_D$$

$$U_O = U_{OO} + I_2 R_2 = U_{OO} + (I_1 + I_D)R_2$$

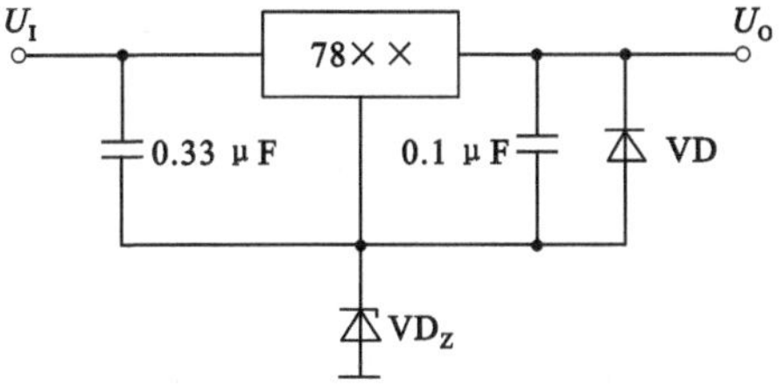

图 10-5　稳压管提高输出电压电路

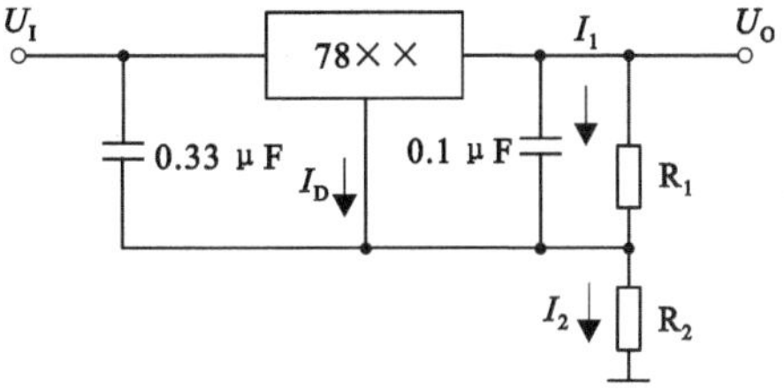

图 10-6　电阻升压法提高输出电压电路

所以,输出电压为:

$$U_O = \left(1 + \frac{R_2}{R_1}\right)U_{OO} + I_D R_2 \tag{10-5}$$

$$U_O \approx \left(1 + \frac{R_2}{R_1}\right)U_{OO} \tag{10-6}$$

可见,固定稳压的三端线性集成稳压器的输出电压可通过具体的电路措施进行升压。不仅如此,这种电路也可作为恒流源电路,输出电流:

$$I_O = \left(\frac{U_O}{R_1}\right) + I_D \tag{10-7}$$

若采用 7805 稳压器,式(10-7)中,$U_O = 5$ V,$I_D = 1.5$ mA。因此,改变 R_1 可调整输出电流的大小。

（3）扩大输出电流电路

对于固定稳压的三端线性集成稳压器的输出电流因受到调整电路部分晶体管最大电流的限制使输出电流最大值受限,可通过具体的电路措施进行扩流。

图 10-7 所示的电路就是扩大输出电流的电路。VT_2 和 R_S 组成限流保护电路,VT_1 是外接的扩流功率管,它能提供的输出电流为 I_{O1},而稳压器本身的输出电流为 I_{OO},则总的输出电流为:

$$I_O = I_{O1} + I_{OO} \tag{10-8}$$

（4）提高输入电压的电路

对于固定稳压的三端线性集成稳压器的输出电压与输入电压有最大压差的限制,这就意味着输入电压有最大值的限定。要突破这个最大值,可在稳压器输入端口采用三极管和稳压管电路进行输入电压最大值的提升。采用三极管和稳压管的输入电压提升电路有两种连接方式。

第一种,如图 10-8 所示,用固定基极偏压的三极管分压方式提升输入电压。

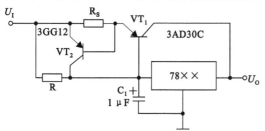

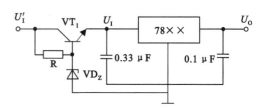

图 10-7　扩大输出电流的电路

图 10-8　固定基极偏压的三极管分压方式
提升输入电压的电路图

由图 10-8 可知,三端线性集成稳压器输入电压可提升到:

$$U_I' = U_I + U_{CE} \tag{10-9}$$

三端线性集成稳压器净输入电压为:

$$U_I = U_Z - U_{BE} \tag{10-10}$$

第二种,如图 10-9 所示,用集-基极固定偏压的三极管分压方式提升输入电压。提升的输入电压和三端线性集成稳压器净输入电压分别与式(10-9)、式(10-10)相同。不同的是图 10-9 相对于图 10-8 允许输入电流的最大值也得到了提高。

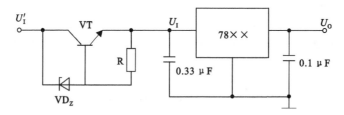

图 10-9　采用三极管和稳压管提高输入电压的电路

10.2　三端可调输出稳压器

10.2.1　三端可调输出稳压器的特点

输出可调的三端稳压器组成框图如图 10-10 所示,由基准电路、误差放大器、调整电路、保护电路、启动电路和恒流源偏置电路组成。

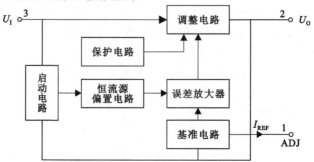

图 10-10　输出可调的三端稳压器组成框图

基准电路提供了输出电压调节后的电压基准;放大器偏置是由恒流源电路提供;启动电路使电路上电时脱离"零"平衡点,到达新的平衡点使电路工作;误差放大器将偏置提供的电压与基准电压差放大,并驱使调整电路对输出电压做调整;保护电路是为了防止电路过流或者过热损坏而进行控制调节的电路。调整电路在基准电压差放大电路输出的驱使下调节输出电压,使输出电压变化并稳定在与基准电压相适应的数值上。

图 10-11 给出了输出可调的三端稳压器 W117 电路原理图。由图可见它有三个引出端,分别为输入端、输出端和电压调整端(简称调整端)。调整端是基准电压电路的公共端。图 10-11 中条块化地标注了基准电路、误差放大器、调整电路、保护电路、启动电路和恒流源偏置电路的具体组成。三端可调稳压器的外形与管脚配置如图 10-12 所示。

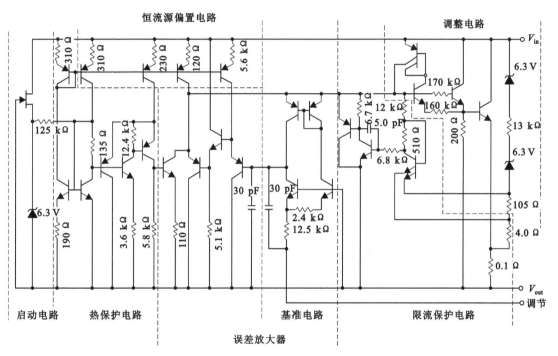

图 10-11　输出可调的三端稳压器 W117 电路原理图

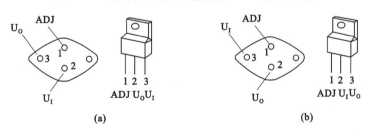

图 10-12　三端可调稳压器的外形与管脚配置

(a) LM317;(b) LM337

三端可调稳压器与 W7800 系列产品一样,W117、W217M 和 W317L 的输出端和输入端电压之差为 3~40 V,在电网电压波动和负载电阻变化时,输出电压非常稳定。三端可调集成稳压器的产品分类如表 10-2 所示。

表 10-2   **三端可调集成稳压器的产品分类列举表**

特点	国产型号	最大输出电流/A	输出电压/V	对应国外型号
正压输出	CW117L/217L/317L	0.1	1.2~37	LM117L/217L/317L
	CW117M/217M/317M	0.5	1.2~37	LM117M/217M/317M
	CW117/217/317	1.5	1.2~37	LM117/217/317
	CW117HV/217HV/317HV	1.5	1.2~57	LM117HV/217HV/317HV
	W150/250/350	3	1.2~33	LM150/250/350
	W138/238/338	5	1.2~32	LM138/238/338
	W196/296/396	10	1.25~15	LM196/296/396
负压输出	CW137L/237L/337L	0.1	−37~−1.2	LM137L/237L/337L
	CW137M/237M/337M	0.5	−37~−1.2	LM137M/237M/337M
	CW137/237/337	1.5	−37~−1.2	LM137/237/337

10.2.2 典型应用电路

（1）一般应用电路

三端可调集成稳压器应用时，一般在输入端、输出端与地之间分别接 0.1 μF、1 μF 的电容，起到进一步滤波的作用，同时改变输入与输出阻抗。调整端的电压由电阻 R_1 和可变电阻 R_P 分压得到，改变 R_P 的大小可得到不同的调整电压，如图 10-13 所示。

三端可调集成稳压器的输出电压为：

$$U_O = 1.25 \left(1 + \frac{R_P}{R_1}\right) + I_D R_P \qquad (10\text{-}11)$$

其中，I_D 为流经可变电阻 R_P 的电流。

作为固定低压输出电路使用时，可直接将调整端接地，如图 10-14 所示。

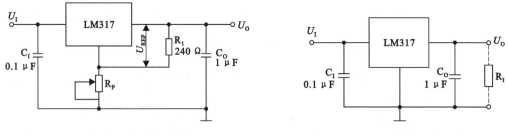

图 10-13   一般应用电路   图 10-14   固定低压输出电路

不加可调输出电阻网络，得到 1.25 V 固定低压输出的电路，温度漂移很低，只由内部基准电压源的温漂决定。

（2）加外接保护电路

图 10-15 所示为加外接保护电路的稳压器，其中，V_1 防止输入端短路时 C_4 放电损坏稳压器，V_2 防止输出端短路时 C_2 通过调整端放电损坏稳压器。

值得注意的是，静态电流 I_Q（约可达 10 mA）从输出端流出，在 R_L 开路时需流过 R_1，因此为保证电路正常工作，必须正确选择阻值：

$$R_1 = \frac{U_{REF}}{I_Q} = \frac{1.25 \text{ V}}{10 \text{ mA}} = 125 \text{ }\Omega$$

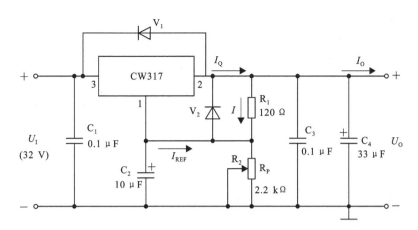

图 10-15　加外接保护电路

可取标称值 120 Ω。

若负载固定，R_1 也可取得大些，但要保证 $I + I_O \geqslant 10$ mA。

$$U_O = U_{REF} + \left(\frac{U_{REF}}{R_1} + I_{REF}\right)R_2 \tag{10-12}$$

因为 $U_{REF} = 1.25$ V，$I_{REF} \approx 50$ μA，所以

$$U_O \approx 1.25\left(1 + \frac{R_2}{R_1}\right) \tag{10-13}$$

当 $R_2 = 0 \sim 2.2$ kΩ 时，$U_O = 1.25 \sim 24$ V。

（3）从零起调的稳压电源

如果调整端设定以适当的负电压，输出电压可实现从 0 V 起调到接近输入的范围内任意电压选择，如图 10-16 所示。

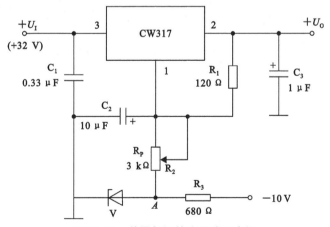

图 10-16　从零起调的实用稳压电源

将 -10 V 电压作为负压偏置，通过 1.25 V 的稳压管得到 $U_A = -1.25$ V，则稳压器输出满足：

$$U_O \approx 1.25\left(1 + \frac{R_2}{R_1}\right) - 1.25 = 1.25\frac{R_2}{R_1} \tag{10-14}$$

当 $R_2 = 0$ Ω 时，$U_O = 0$ V；当 $R_2 = 3$ kΩ 时，$U_O \approx 31.25$ V。也就是该稳压电源可以通过调节 R_2 的值，输出 $0 \sim 31.25$ V 的电压。

（4）扩大输出电流的电路

当 LM 稳压器标称电流为 0.1 A,而负载电流又需很大时,就需要扩流。LM317 电流放大电路如图 10-17 所示。电路是用一只 PNP 大功率管 3CD8 可提供负载 1 A 电流、LM317 可提供 0.1 A 电流,输出端约可提供 1.1 A 电流。如负载需更大电流时,可由 LM317 首先驱动一只功率较小的功率管,再由较小功率的大功率管驱动一只或数只更大功率的管子。

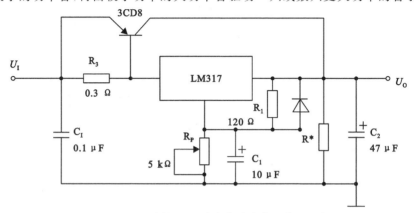

图 10-17　采用外接 PNP 功率管扩大电流的实用电路

（5）恒流源电路

实际中,需用一定大小恒定的电流源时,可采用图 10-18 所示的电路来实现。由于连接在 LM317 调整端和输出端的电阻压降等于稳压器最低输出电压 1.25 V,使用 1.25 Ω 的电阻 [图 10-18(a)]可获得 1 A 恒流电源。

改变连接在 LM317 调整端和输出端的电阻值可获得输出大小不同的恒流源电路。如图 10-18(b)所示,理想情况下此电路可作为 10 mA～1.5 A 可调恒流源使用;但由于调整端输出电流与输出端输出电流共同为负载提供电流,而实际上,调整端输出电流受温度的影响较大。所以,电路在小电流(一般在 mA 级)输出状态下,恒流源温度特性较差。

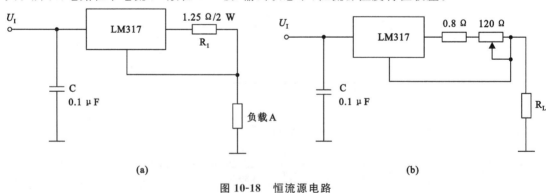

图 10-18　恒流源电路

(a) 输出电流为 1 A 的恒流源电路;(b) 输出电流可调的恒流源电路

（6）程序控制稳压电路

在图 10-15～图 10-17 所示电路中,电压输出的选择都是通过电阻分压来确定调整端的电压而决定输出电压的。如果在调整端加控制电路,电路以晶体管为电子开关[图 10-19(a)],用程控方式取舍其中一个等效分压电阻所并联电阻的数量和阻值,便可得到输出不连续的程控电压值。对稳压电路输出电压的分析关键在于确定等效分压电阻的值,可借助图 10-19(b)所示电路进行分压电阻的分析与计算,程序控制稳压电路输出电压的计算方法与式(10-11)相同。

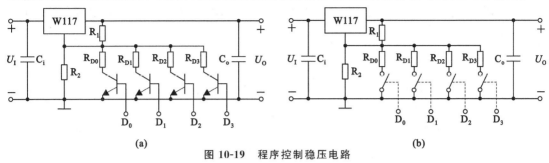

图 10-19 程序控制稳压电路

(a) 晶体管开关稳压电路;(b) 等效开关稳压电路

10.2.3 线性集成稳压器性能参数及应用注意事项

（1）线性集成稳压器性能参数

集成稳压器的性能参数包括:电压调整率 S_V、电流调整率 S_I、输出阻抗 Z_o、输出电压长期稳定性 S_T、输出电压温漂 S_P、纹波抑制比 SRR、最大输入电压 U_{Imax}、最小输入与输出电压差 $(U_I - U_O)$、输出电压 U_O、最大输出电流 I_O、稳压器最大功耗 P_M 等。

① 输出电压 U_O。

输出电压是指稳压器的各工作参数符合规定时的输出电压值。对于固定输出稳压器,它是常数;对于可调式输出稳压器,它是输出电压范围。

② 输出电压偏差。

对于固定输出稳压器,实际输出的电压值和规定的输出电压 V_O 之间往往有一定的偏差。这个偏差值一般用百分比表示,也可以用电压值表示。

③ 最大输出电流 i_{CM}。

最大输出电流是指稳压器能够保持输出电压不变的最大电流。

④ 最小输入电压 U_{imin}。

输入电压值在低于最小输入电压值时,稳压器将不能正常工作。

⑤ 最大输入电压 U_{imax}。

最大输入电压是指稳压器安全工作时允许外加的最大电压值。

说明:④、⑤两项也常用输入电压的范围来表示。

⑥ 最小输入与输出电压差$(U_I - U_O)$。

它是指稳压器能正常工作时的输入电压 U_I 与输出电压 U_O 是最小电压差值。

⑦ 电压调整率 S_V。

电压调整率是指当稳压器负载不变而输入的直流电压变化时,所引起的输出电压的相对变化量。S_V 常用下式表示:

$$S_V = \frac{\Delta U_O}{\Delta U_I \cdot U_O} \times 100\% (1/V) \tag{10-15}$$

式中 ΔU_O——输出电压变化量;

ΔU_I——输入电压变化量。

电压调整率有时也用某一输入电压变化范围内的输出电压变化量表示。

电压调整率用来表征稳压器维持输出电压不变的能力。

⑧ 电流调整率 S_I。

电流调整率是指,当输入电压保持不变而输出电流在规定范围内变化时,稳压器输出电压相对变化的百分比,可用下式表示:

$$S_I = \frac{\Delta U_O}{U_O} \times 100\% \tag{10-16}$$

电流调整率有时也用负载电流变化时输出电压的变化量来表示。

⑨ 输出电压温漂 S_T。

输出电压温漂也称输出电压的温度系数。其定义为:在规定的温度范围内,当输入电压和输出电流不变时,单位温度变化引起的输出电压变化量。用公式表达为:

$$S_T = \frac{\Delta U_O}{\Delta T \cdot U_O} \times 100\% \tag{10-17}$$

式中,ΔT 为温度变化量。

⑩ 输出阻抗 Z_O。

输出阻抗是指,在规定的输入电压和输出电流的条件下,在输出端上所测得的交流电压与交流电流之比,即:

$$Z_O = \frac{dU_O}{dI_O} \tag{10-18}$$

输出阻抗反映了在动态负载状态下,稳压器的电流调整率。

⑪ 输出噪声电压 U_N。

输出噪声电压是指当稳压器输入端无噪声电压进入时,在其输出端所测得的噪声电压值。输出噪声电压是由稳压器内部产生的,它对许多负载是有害的。

(2) 线性集成稳压器应用注意事项

集成稳压器使用时应注意以下 5 点:

① 集成稳压器电路品种很多,从调整方式上有线性的和开关式的;从输出方式上有固定的和可调式的。因三端稳压器优点比较明显,使用操作都比较方便,选用时应优先考虑。

② 在接入电路之前,一定要分清引脚及其作用,避免接错时损坏集成块。输出电压大于 6 V 的三端集成稳压器的输入、输出端需接保护二极管,可防止输入电压突然降低时,输出电容对输出端放电引起三端集成稳压器的损坏。

③ 为确保输出电压的稳定性,应保证最小输入与输出电压差。如三端集成稳压器的最小电压差约 2 V,一般使用时电压差应保持在 3 V 以上。同时又要注意最大输入与输出电压差范围不超出规定范围。

④ 为了扩大输出电流,三端集成稳压器允许并联使用。

⑤ 使用时,要焊接牢固、可靠。对要求加散热装置的,必须加装符合要求尺寸的散热装置。

10.3 开关型稳压电源

近 20 年来,集成开关电源的发展方向主要分为交流/直流(AC/DC)与直流/直流(DC/DC)两大类。AC/DC 开关电源的输入电压要通用,要广泛适应世界各国电网的电压规格。开关电源的发展趋势可概括为:高频化、高效率、无污染、智能化、模块化。

目前,开关频率已从 20 kHz 左右提高到几百千赫至几兆赫。与此同时,供开关电源使用的元器件也获得长足发展。

10.3.1　开关电源的基本原理和类型

开关稳压电源的调整管及所有的晶体管大都工作在高频开关状态,截止期间,晶体管无电流,因此不消耗功率,而导通时,晶体管的功耗为饱和压降乘以电流,因此电路的功耗很小,效率很高,可达 80%~90%,比普通线性稳压电源提高了近一倍。故开关电源 SPS(switching power supply)被誉为高效节能型电源。

1．开关电源的基本原理

开关电源的基本电路及工作波形如图 10-20 所示,其中 VT 为开关调整管。VD 为续流二极管。电感 L 为储能件,C 为滤波电容,R_L 为负载电阻。

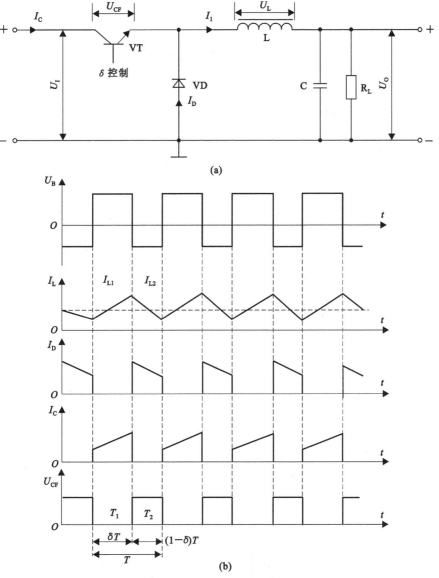

图 10-20　开关电源的基本电路及工作波形

(a) 基本电路；(b) 工作波形

在一个周期内,开关管导通期间电感 L 储存的能量等于开关管截止期间释放的能量,即开关管饱和期间通过电感电流的增量 ΔIL_1 与开关管截止期间电感电流的减少量 ΔIL_2 相等时,电路达到动态平衡,获得一个稳定输出 U_O。

根据稳定条件 $\Delta IL_1 = \Delta IL_2$ 可得:

$$\frac{(U_I - U_O)T_1}{L} = \frac{U_O T_2}{L} \tag{10-19}$$

即:

$$U_O = \frac{U_I T_1}{T_1 + T_2} = \frac{T_1}{T}U_I L, \quad \delta = \frac{T_1}{T} \tag{10-20}$$

由式(10-20)可见,可以通过控制开关管激励脉冲的占空系数 δ 来调整开关电源的输出电压 U_O。

开关式稳压电源的基本电路整体如图 10-21 所示。

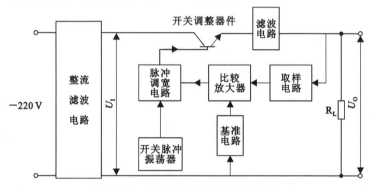

图 10-21 开关电源的基本组成方框

交流电压经整流电路及滤波电路整流滤波后,变成含有一定脉动成分的直流电压,该电压在控制电路的作用下通过开关调整器件转换成所需电压值的方波,最后将这个方波电压经整流滤波变为所需要的直流电压。

控制电路为一脉冲宽度调制器,它主要由取样器、比较器、开关脉冲振荡器、脉宽调制及基准电压等电路构成。这部分电路目前已集成化,制成了各种开关电源用集成电路。控制电路用来调整高频开关元件的开关时间比例,以达到稳定输出电压的目的。

2.开关电源电路的基本类型

(1)串联型、并联型和变压器耦合(并联)型开关电源

① 串联型。图 10-22 所示的开关电源基本形式即是串联型开关电源,其特点是开关调整管 VT 与负载 R_L 串联。

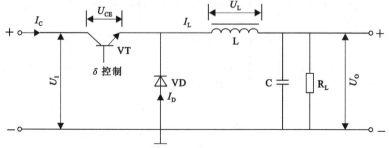

图 10-22 串联型开关电源基本电路

② 并联型。并联型开关稳压电源基本电路如图 10-23 所示,其工作波形与串联电路基本相同。

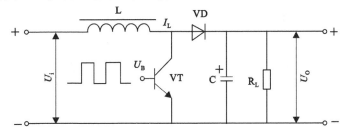

图 10-23 并联型开关电源基本电路

因开关管 VT 与负载 R_L 并联而称为并联型。此外二极管 VD 通常称为脉冲整流管,C 为滤波电容。

③ 变压器耦合型。

变压器耦合型开关电源的基本电路如图 10-24 所示。

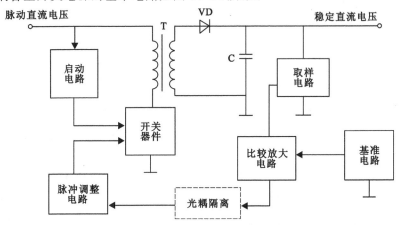

图 10-24 变压器耦合型开关电源基本电路

(2) 自激式和他激式开关电源

自激式不需专设振荡电路,用开关调整管兼做振荡管,只需设置正反馈电路使电路起振工作,因而电路比较简单。

他激式开关电源需专设振荡器和启动电路,电路结构比较复杂。

(3) 脉冲宽度调制式和脉冲频率调制式开关稳压电源

脉冲宽度调制(PWM)式开关电源稳压电路在通过改变开关脉冲宽度(控制开关管导通时间)来稳定输出电压的过程中,开关管的工作频率不改变。按反馈回路和稳压特性,PWM 调制方式又有两种方法:电压调制模式和电流调制模式。在电压调制模式中,变换器的占空比正比于实际输出电压与理想输出电压之间的误差差值;在电流调制模式中,占空比正比于额定输出电压与变换器调制电流函数之间的误差差值。PWM 方式的调制波形如图 10-25(a)所示。

脉冲频率调制(PFM)式开关电源在稳压控制过程中,改变开关脉冲的占空比的同时,开关管的工作频率随着发生变化,故称之为调频-调宽式稳压电源。PFM 方式的调制波形如图 10-25(b)所示。

(4) 混合调制方式

脉冲宽度与开关频率均不固定,彼此都能改变。属于 PWM 和 PFM 的混合方式。

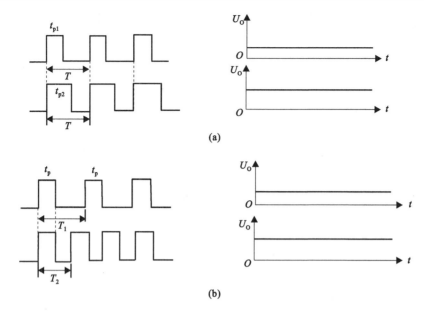

图 10-25　两种控制方式的调制波形

(a) PWM 方式；(b) PFM 方式

（5）开关管的典型工作方式

按开关管的连接和工作方式分类，开关稳压电源可分为单端式、推挽式、半桥式和全桥式四种。单端式仅用了一个开关晶体管，推挽式或半桥式采用两个开关晶体管，全桥式则采用四个开关晶体管。

目前彩色电视机、显示器、打印机、传真机等开关稳压电源常采用单端式，而微机开关电源均采用半桥式。

10.3.2　脉宽调制式开关电源原理

（1）脉宽调制式开关电源基本构成与工作原理

图 10-26 所示的脉宽调制式开关电源的基本工作原理可以分为四部分。第一，交流电源输入经整流滤波成直流；第二，通过高频 PWM（脉冲宽度调制）信号控制开关管，将直流加到开关变压器初级上；第三，开关变压器次级感应出高频电压，经整流滤波供给负载；第四，输出部分通过一定的电路反馈给控制电路，控制 PWM 占空比，以达到稳定输出的目的。其中，脉宽调制（控制）器是保证电压稳定输出的关键模块，通常是开关电源容易集成的电路。

（2）一种电流控制型脉宽调制器 UC3842 工作原理

UC3842 是美国 Unitrode 公司（该公司现已被 TI 公司收购）生产的一种高性能单端输出式电流控制型脉宽调制器芯片，可直接驱动双极型晶体管、MOSFET 和 IGBT 等功率型半导体器件。其内部框图和引脚如图 10-27 所示，UC3842 采用固定工作频率脉冲宽度可控调制方式，共有 8 个引脚，各脚功能如下：

①脚是误差放大器的输出端，外接阻容元件用于改善误差放大器的增益和频率特性；

②脚是反馈电压输入端，此脚电压与误差放大器同相端的 2.5 V 基准电压进行比较，产生误差电压，从而控制脉冲宽度；

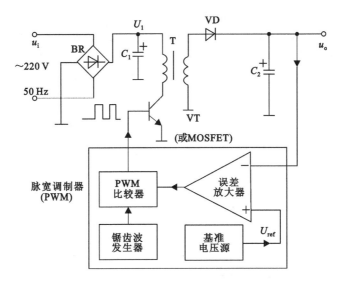

图 10-26 脉宽调制式开关电源的基本原理图

③脚为电流检测比较器的输入端,当检测电压超过 1 V 时,缩小脉冲宽度使电源处于间歇工作状态;

④脚为定时端,内部振荡器的工作频率由外接的阻容时间常数决定,$f=1.8/(RT×CT)$;

⑤脚为公共地端;

⑥脚为推挽输出端,内部为图腾柱式,上升、下降时间仅为 50 ns,驱动能力为 ± 1 A;

⑦脚为直流电源供电端,具有欠、过压锁定功能,芯片功耗为 15 mW;

⑧脚为 5 V 基准电源输出端,有 50 mA 的负载能力。

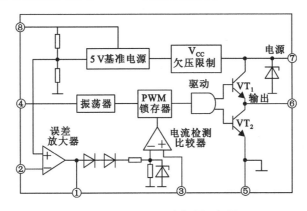

图 10-27 UC3842 内部原理框图

(3) UC3842 组成的开关电源电路举例

图 10-28 是由 UC3842 构成的开关电源电路,220 V 市电由 C_1、L_1 滤除电磁干扰,负温度系数的热敏电阻 R_{t1} 限流,再经 VC 整流、C_2 滤波,电阻 R_1、电位器 RP_1 降压后加到 UC3842 的供电端(⑦脚),为 UC3842 提供启动电压,电路启动后变压器的副绕组③④的整流滤波电压一方面为 UC3842 提供正常工作电压,另一方面经 R_3、R_4 分压加到误差放大器的反相输入端②脚,为 UC3842 提供负反馈电压,其规律是此脚电压越高驱动脉冲的占空比越小,以此稳定输出电压。④脚和⑧脚外接的 R_6、C_8 决定了振荡频率,其振荡频率的最大值可达 500 kHz。R_5、

C_6 用于改善增益和频率特性。⑥脚输出的方波信号经 R_7、R_8 分压后驱动 MOSFET 功率管，变压器原边绕组①②的能量传递到副边各绕组，经整流滤波后输出各数值不同的直流电压供负载使用。电阻 R_{10} 用于电流检测，经 R_9、C_9 滤滤后送入 UC3842 的③脚形成电流反馈环。所以由 UC3842 构成的电源是双闭环控制系统，电压稳定度非常高，当 UC3842 的③脚电压高于 1 V 时，振荡器停振，保护功率管不至于过流而损坏。

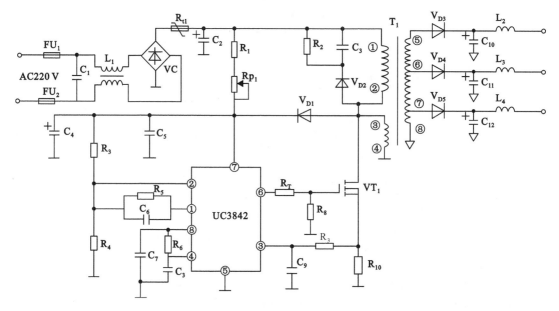

图 10-28　UC3842 构成的开关电源

思考题与习题

10.1　简述线性集成稳压器的基本组成。

10.2　新型低压差集成稳压器电路有哪些特点？

10.3　输出电压可调与输出电压固定的三端集成稳压器的主要区别在何处？

10.4　试说明开关稳压电路的特点。在下列各种情况下，试问应分别采用何种稳压电路（线性稳压电路还是开关稳压电路）：

① 希望稳压电路的效率比较高；

② 希望输出电压的纹波和噪声尽量小；

③ 希望稳压电路的重量轻、体积小；

④ 希望稳压电路的结构尽量简单，使用元件个数少，调试方便。

10.5　试说明开关稳压电路通常有哪几个组成部分，简述各部分电路的作用。

10.6　实际使用集成稳压器时，应注意哪些问题？

10.7　开关稳压电源按不同的方式分类各有哪些基本类型？分别画出串联型、并联型和变压器耦合（并联）型开关稳压电源的方框图。

10.8　试用波形图说明脉宽调制方式和频率调制方式两类开关稳压电源的调节原理。

11　数模、模数转换器

随着数字电子技术的迅速发展,使其在数字测量仪表、数字通信等方面得到广泛应用,特别是数字电子计算机在自动控制和自动检测系统中的使用,使利用数字系统处理模拟信号的情况越来越普遍。将数字计算机用于自动控制系统中时,由于生产过程所遇到的信息大多是连续变化的物理量,如温度、压力、流量、位移等。这些非电量模拟量首先经过传感器变换为电信号,再把模拟信号转换成相应的数字信号,才能送入数字计算机进行处理。然后把计算机输出的数字信号转换成相应的模拟信号去控制执行机构,实现实时控制的目的。

数模转换则是指将数字信号转换为模拟信号,简称 D/A 转换(Digital to Analog Conversion),模数转换是指将模拟信号转换为数字信号,简称 A/D 转换(Analog to Digital Conversion)。实现上述两种转换过程的电路称为 D/A 转换器和 A/D 转换器,简称 DAC 和 ADC,它们是数字系统中不可缺少的部件,是模拟系统和数字系统的接口电路。

为了保证处理结果的准确性,D/A 转换器和 A/D 转换器必须具有足够的转换精度。同时,为了适应快速过程的控制和检测,D/A 和 A/D 转换器还必须具有足够的转换速度。因此转换精度和转换速度是 D/A 转换器和 A/D 转换器性能优劣的主要指标。近年来 D/A、A/D 转换技术的发展颇为迅速,特别是为了适应制作单片集成 D/A、A/D 转换器的需要,涌现出了许多新的转换方法和转换电路,因而 D/A 和 A/D 转换器的种类和名目十分繁多。

目前使用的 D/A 转换器中,基本上属于权电阻网络型、T 型电阻网络型和权电流型三种。A/D 转换器的种类则非常多,为便于学习和掌握它们的原理和使用方法,可将 A/D 转换器划分为直接 A/D 转换器和间接 A/D 转换器两大类。在直接 A/D 转换器中,输入的模拟信号直接被转换为数字信号;而在间接 A/D 转换器中,输入的模拟信号将首先被转换为某种中间量(如时间、频率等),然后把这个中间量转换成输出的数字信号。

本章将介绍 D/A 转换、A/D 转换的基本原理及常用的 D/A 转换器和 A/D 转换器。

11.1　D/A 转换器

11.1.1　D/A 转换器电路及原理

数字量是用代码按数位组合起来表示的,对于有权的代码,每位代码都有一定的权。为了将数字信号转换成模拟信号,必须将每一位的代码按其权的大小转换成相应的模拟信号,然后将这些模拟量相加,就可得到与相应的数字量成正比的总的模拟量,从而实现了从数字信号到模拟信号的转换。这就是组成 D/A 转换器的基本指导思想。

D/A 转换器由数码寄存器、模拟电子开关电路、解码网络、求和电路及基准电路等部分组成。数字量以串行或并行方式输入存于数码寄存器中,数字寄存器输出数码,分别控制对应位的模拟电子开关,使数码为 1 的位在位权网络上产生与之成正比的电流值,再由求和电路将各种权值相加,即得到数字量对应的模拟量。

新编模拟集成电路原理与应用

n 位 D/A 转换器的方框图如图 11-1 所示。

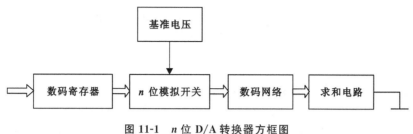

图 11-1　n 位 D/A 转换器方框图

11.1.2　二进制权电阻网络 D/A 转换器

（1）权电阻网络 D/A 转换器电路及转换原理

如果一个 n 位二进制数用 $D_n=d_{n-1}d_{n-2}\cdots d_1 d_0$ 表示，则从最高位到最低位的权依次为 2^{n-1}、$2^{n-2}\cdots 2^1$、2^0。图 11-2 是四位权电阻网络 D/A 转换器的原理图，它由权电阻网络、模拟开关、求和放大器三部分组成。权电阻网络中每个电阻的阻值与对应位的权成反比。

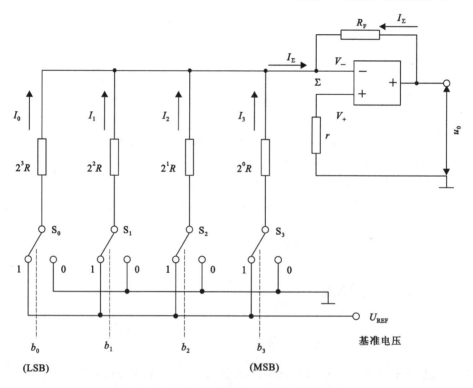

图 11-2　四位权电阻网络 D/A 转换器原理图

图 11-2 中的开关 S_3、S_2、S_1、S_0 分别受输入代码 b_3、b_2、b_1、b_0 的状态控制，$b_3 b_2 b_1 b_0$ 是表示输入数字信号 N 的 4 位二进制数。从图中可以看出 4 个电阻的阻值与二进制各位的权恰好成反比，最低位（b_0）对应的电阻阻值最大，为 $2^3 R$，最高位（b_3）对应的电阻阻值最小，为 $2^0 R$，因此也称二进制数权电阻网络。当输入的第 i 位数字信号 $b_i=0$ 时，模拟电子开关 S_i 断开，权电阻网络中相应的电阻 R_i 上没有电流流过；当输入的第 i 位数字信号 $b_i=1$ 时，模拟开关 S_i 与基准电压 U_{REF} 接通，权电阻网络中对应的电阻 R_i 上有电流 I_i 流过，其电流大小为：

$$I_i = \frac{U_{\text{REF}}}{R_i} b_i \tag{11-1}$$

即:当 $b_i = 0$ 时,$I_i = 0$;当 $b_i = 1$ 时,$I_i = U_{\text{REF}}/R_i$。

在图 11-2 中,

$b_3 = 1$,S_3 与基准电压 U_{REF} 接通,流过电阻 $2^0 R$ 的电流为:

$$I_3 = \frac{U_{\text{REF}}}{R_3} = \frac{U_{\text{REF}}}{2^0 R} = \frac{U_{\text{REF}}}{R} \tag{11-2}$$

$b_2 = 1$,S_2 与基准电压 U_{REF} 接通,流过电阻 $2^1 R$ 的电流为:

$$I_2 = \frac{U_{\text{REF}}}{R_2} = \frac{U_{\text{REF}}}{2^1 R} = \frac{U_{\text{REF}}}{2R} \tag{11-3}$$

$b_1 = 1$,S_1 与基准电压 U_{REF} 接通,流过电阻 $2^2 R$ 的电流为:

$$I_1 = \frac{U_{\text{REF}}}{R_1} = \frac{U_{\text{REF}}}{2^2 R} = \frac{U_{\text{REF}}}{4R} \tag{11-4}$$

$b_0 = 1$,S_0 与基准电压 U_{REF} 接通,流过电阻 $2^3 R$ 的电流为:

$$I_0 = \frac{U_{\text{REF}}}{R_0} = \frac{U_{\text{REF}}}{2^3 R} = \frac{U_{\text{REF}}}{8R} \tag{11-5}$$

由此可知,流过各电阻的电流与对应位的权成正比。可求出流入运算放大器 Σ 点的总电流 I_Σ 为:

$$
\begin{aligned}
I_\Sigma &= I_0 b_0 + I_1 b_1 + I_2 b_2 + I_3 b_3 \\
&= \frac{U_{\text{REF}}}{8R} b_0 + \frac{U_{\text{REF}}}{4R} b_1 + \frac{U_{\text{REF}}}{2R} b_2 + \frac{U_{\text{REF}}}{R} b_3 \\
&= \frac{U_{\text{REF}}}{2^3 R} (2^0 \times b_0 + 2^1 \times b_1 + 2^2 \times b_2 + 2^3 \times b_3)
\end{aligned} \tag{11-6}
$$

所以,I_Σ 与输入信号的大小成正比。

设 $R_F = R/2$,则运算放大器输出的模拟电压 u_0 为:

$$u_0 = R_F I_F = -\frac{R}{2} \times I_\Sigma = -\frac{U_{\text{REF}}}{2^4}(2^0 \times b_0 + 2^1 \times b_1 + 2^2 \times b_2 + 2^3 \times b_3) \tag{11-7}$$

如果输入的是 n 位二进制,则输出电压 u_0 为:

$$u_0 = -\frac{U_{\text{REF}}}{2^n}(2^0 \times b_0 + 2^1 \times b_1 + \cdots + 2^{n-2} \times b_{n-2} + 2^{n-1} \times b_{n-1}) = -\frac{U_{\text{REF}}}{2^n} D_n \tag{11-8}$$

由此可见,输出模拟电压与输入的数字信号成正比,从而实现了 D/A 转换。当 $D_n = 0$ 时,$u_0 = 0$;当 $D_n = 11\cdots11$ 时,$u_0 = -\frac{2^{n-1}}{2^n} U_{\text{REF}}$,故 u_0 的最大变化范围是 $\left[0, -\frac{2^{n-1}}{2^n} U_{\text{REF}}\right]$。

(2) 二进制权电阻网络 D/A 转换器的优、缺点

二进制权电阻网络 D/A 转换器的优点是该电路用的电阻较少,电路结构简单,可适用于各种有权码,各位同时进行转换,速度较快。它的缺点是各个电阻的阻值相差很大,尤其在输入信号的位数较多时,问题就更突出了。例如,当输入信号增加到 8 位时,如果取权电阻网络中最小的电阻为 $R = 10\ \text{k}\Omega$,那么最大的电阻将达到 $2^7 R = 1.28\ \text{M}\Omega$,两者相差 128 倍。要想在极为宽广的阻值范围内保证每个电阻阻值依次相差一半并且保证一定的精度是十分困难的。这对于制作集成电路极其不利。

（3）T形电阻网络 D/A 转换器

为了克服权电阻网络 D/A 转换器中电阻阻值相差过大的缺点，又研制出了如图 11-3 所示的 T形电阻网络 D/A 转换器，由 R 和 $2R$ 两种阻值的电阻组成 T形电阻网络（或称梯形电阻网络）为集成电路的设计和制作带来了很大方便。网络的输出端接到运算放大器的反相输入端。

图 11-3 中，输入寄存器在接收指令的作用下，将输入数字信号存入寄存器。电子模拟开关 S_0、S_1、S_2、S_3 分别由数码寄存器存放的四位二进制数的相应位数码控制，根据它是"1"或"0"决定电阻网络中的电阻是接参考电压（基准电压）U_R 还是接地。

T形电阻网络：当输入的数字信号的某一位为"1"时，开关接到参考电压 U_R 上，为"0"时接地，这个 T形电阻网络开路时的输出电压（未接运算放大器时）可以应用叠加原理进行计算。即分别计算当（其余位为 0）时的电压分量，然后叠加得到总的电压。

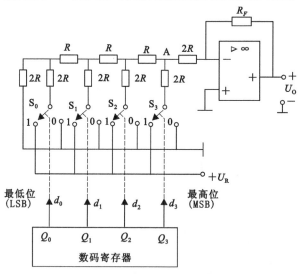

图 11-3　T形电阻网络 D/A 转换器

当 $d_0 = 1$，其余各位为 0 时，即 $d_3 d_2 d_1 d_0 = 0001$，其电路如图 11-4 所示，应用戴维南定理可将 00′左边等效为电压为 $\dfrac{U_R}{2}$ 的电压源与电阻串联的电路。而后分别在 11′、22′、33′处计算他们左边部分的等效电路，其等效电源的电压依次被除以 2，即 $\dfrac{U_R}{4}$、$\dfrac{U_R}{8}$、$\dfrac{U_R}{16}$，而等效电源的内阻均为 $2R//2R = R$，由此可得出最后的等效电路，通过计算可以求出当 $d_0 = 1$，其余各位为 0 时网络的开路电压，即等效电源电压为 $\dfrac{U_R}{2^4} d_0$。

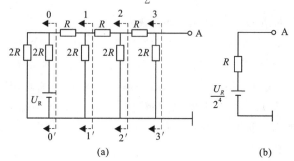

(a)　　　　　　　　　　　　　　(b)

图 11-4　计算 T形电阻网络的输出电压（$d_3 d_2 d_1 d_0 = 0001$）

同理,分别对 $d_1=1$、$d_2=1$、$d_3=1$(其余位为 0)时重复上述计算过程,得出的网络开路电压分别为 $\dfrac{U_R}{2^3}d_1$、$\dfrac{U_R}{2^2}d_2$、$\dfrac{U_R}{2^1}d_3$。应用叠加原理将这四个电压分量叠加得出 T 形电阻网络开路时的输出电压 U_A,等效内阻(除去电源后开路网络的等效电阻)为 R:

$$U_A = \frac{U_R}{2^1}d_3 + \frac{U_R}{2^2}d_2 + \frac{U_R}{2^3}d_1 + \frac{U_R}{2^4}d_0$$
$$= \frac{U_R}{2^4}(d_3 \cdot 2^3 + d_2 \cdot 2^2 + d_1 \cdot 2^1 + d_0 \cdot 2^0) \tag{11-9}$$

把运算放大器接成反相比例运算电路,T 形电阻网络输出的等效电压 U_A 作为信号源,加到集成运算放大器的输入端,因此,T 形电阻网络 D/A 转换器的等效电路如图 11-5 所示的形式,于是得到集成运算放大器的输出电压为:

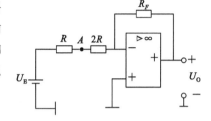

图 11-5　T 形电阻网络的等效电路

$$U_O = -\frac{R_F}{3R}U_A$$
$$= -\frac{R_F U_R}{3R \cdot 2^4}(d_3 \cdot 2^3 + d_2 \cdot 2^2 + d_1 \cdot 2^1 + d_0 \cdot 2^0)$$
$$\tag{11-10}$$

如果输入的是 n 位二进制,则:

$$U_O = -\frac{R_F}{3R}U_A = -\frac{R_F U_R}{3R \cdot 2^n}(d_{n-1} \cdot 2^{n-1} + d_{n-2} \cdot 2^{n-2} + \cdots + d_1 \cdot 2^1 + d_0 \cdot 2^0) \tag{11-11}$$

当取 $R_F = 3R$ 时,则上式为:

$$U_O = -\frac{U_R}{2^n}(d_{n-1} \cdot 2^{n-1} + d_{n-2} \cdot 2^{n-2} + \cdots + d_1 \cdot 2^1 + d_0 \cdot 2^0) \tag{11-12}$$

可见,输入的数字量被转换为模拟量,而且两者成正比。

R-$2R$ T 形电阻网络 D/A 转换器的优点是它只需 R 和 $2R$ 两种阻值的电阻,这对选用高精度电阻和提高转换器的精度都是有利的;该电路的缺点是使用的电阻数量较大。此外在动态过程中 T 形电阻网络相当于一根传输线,从 U_{REF} 加到各级电阻上开始到运算放大器的输入稳定地建立起来为止,需要一定的传输时间,因而在位数较多时将影响 D/A 转换器的工作速度。而且,由于各级电压信号到运算放大器输入端的时间有先有后,还可能在输出端产生相当大的尖峰脉冲。如果各个开关的动作时间再有差异,那时输出端的尖峰脉冲可能会持续更长的时间。

提高转换速度和减小尖峰脉冲的有效方法是将图 11-4 所示电路改成倒 T 形电阻网络 D/A 转换电路,如图 11-6 所示。

由图 11-6 可见,当输入数字信号的任何一位是 1 时,对应的开关便将电阻接到运算放大器的输入端,而当它是 0 时,将电阻接地。因此,不管输入信号是 1 还是 0,流过每个支路电阻的电流始终不变。当然,从参考电压输入端流进的总电流始终不变,它的大小为:

$$I = \frac{U_{REF}}{R} \tag{11-13}$$

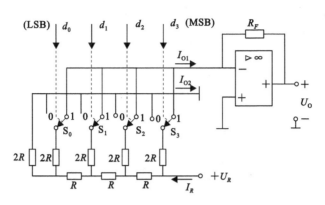

图 11-6 倒 T 形电阻网络 D/A 转换器

因此,输出电压可表示为

$$U_O = -\frac{U_{REF}}{2^4}(d_3 \cdot 2^3 + d_2 \cdot 2^2 + d_1 \cdot 2^1 + d_0 \cdot 2^0) \tag{11-14}$$

由于倒 T 形电阻网络 D/A 转换器中各支路的电流直接流入了运算放大器的输入端,它们之间不存在传输时间差,因而提高了转换速度并减小了动态过程中输出端可能出现的尖峰脉冲。同时,只要所有的模拟开关在状态转换时满足"先通后断"的条件(一般的模拟开关在工作时都是符合这个条件的),那么即使在状态转换过程流过各支路的电流也不改变,因而不需要电流的建立时间,这也有助于提高电路的工作速度。由于每个支路电流的存在使得电路功耗较大。

然而,倒 T 形电阻网络 D/A 转换器是目前使用的 D/A 转换器中速度较快的一种,也是用得较多的一种。

11.1.3 主要技术指标

（1）分辨率

分辨率是指 D/A 转换器能分辨最小输出电压变化量（U_{LSE}）与最大输出电压（U_{MAX}）即满量程输出电压之比。最小输出电压变化量就是对应于输入数字信号最低位为 1,其余各位为 0 时的输出电压,记为 U_{LSE}；满度输出电压就是对应于输入数字信号的各位全是 1 时的输出电压,记为 U_{MAX}。

对于一个 n 位的 D/A 转换器可以证明：

$$\frac{U_{LSE}}{U_{MAX}} = \frac{1}{2^n - 1} \approx \frac{1}{2^n} \tag{11-15}$$

例如,对于一个 10 位的 D/A 转换器,其分辨率是：

$$\frac{U_{LSE}}{U_{MAX}} = \frac{1}{2^{10} - 1} \approx \frac{1}{2^{10}} = \frac{1}{1024} \tag{11-16}$$

应当指出,分辨率是一个设计参数,不是测试参数。分辨率与 D/A 转换器的位数有关,所以分辨率有时直接用位数表示,如 8 位、10 位等。位数越多,能够分辨的最小输出电压变化量就越小。U_{LSE} 的值越小,分辨率就越高。

（2）精度

D/A 转换器的精度是指实际输出电压与理论输出电压之间的偏离程度。通常用最大误差与满量程输出电压之比的百分数表示。例如,D/A 转换器满量程输出电压是 7.5 V,如果误差为 1％,就意味着输出电压的最大误差为 ±0.075 V(±75 mV)。也就是说输出电压的范围在 7.575 V 和 7.425 V 之间。

转换精度是一个综合指标,包括零点误差,它不仅与 D/A 转换器中的元件参数的精度有关,还与环境温度、求和运算放大器的温度漂移及转换器的位数有关。所以要获得较高的 D/A 转换结果,除了正确选用 D/A 转换器的位数外,还要选用低零漂的运算放大器及高稳定度的 U_{REF} 。

在一个系统中,分辨率和转换精度要求应当协调一致,否则会造成浪费或不合理。例如,系统采用分辨率是 1 V,满量程输出电压 7.5 V 的 D/A 转换器,显然要把该系统做成精度为 1％(最大误差 75 mV)是不可能的。同样,把一个满量程输出电压为 10 V,输入数字信号为 10 位的系统做成精度只有 1％ 也是一种浪费,因为输出电压允许的最大误差为 100 mV,但分辨率却精确到 5 mV,表明输入数字 10 位是没有必要的。

（3）转换时间

D/A 转换器的转换时间是指在输入数字信号开始转换,到输出电压(或电流)达到稳定时所需的时间。它是一个反应 D/A 转换器工作速度的指标。转换时间的数值越小,表示 D/A 转换器工作速度越高。

转换时间也称输出时间,有时手册给出输出上升到满刻度的某一百分数所需要的时间作为转换时间。转换时间一般为几纳秒到几微秒。目前,在不包含参考电压源和运算放大器的单片集成 D/A 转换器中,转换时间一般不超过 1 μs。

11.1.4　D/A 转换器的应用

（1）集成 D/A 转换器 DA7520

常用的集成 D/A 转换器有 DA7520、DAC0832、DAC0808、DAC1230、MC1408、AD7524 等,这里只对 DA7520 做介绍。

DA7520 是 10 位的 D/A 转换集成芯片,与微处理器完全兼容。该芯片以接口简单、转换控制容易、通用性好、性能价格比高等特点得到广泛的应用。其内部采用倒 T 形电阻网络,模拟开关是 CMOS 型的,集成在芯片上,但运算放大器是外接的。

DA7520 的外引线排列及连接电路如图 11-7 所示,DA7520 共有 16 个引脚,各引脚的功能如下:

4～13 为 10 位数字量的输入端;

1 为模拟电流 I_{O_1} 输出端,接到运算放大器的反相输入端;

2 为模拟电流 I_{O_2} 输出端,一般接地;

3 为接地端;

14 为 COMS 模拟开关的 $+U_{DD}$ 电源接线端;

15 为参考电压电源接线端,U_R 可为正值或负值;

16 为芯片内部一个电阻 R 的引出端,该电阻作为运算放大器的反馈电阻 R_F,其另一端在芯片内部接 I_{O_1} 端。

DA7520 的主要性能参数如下:

分辨率:十位

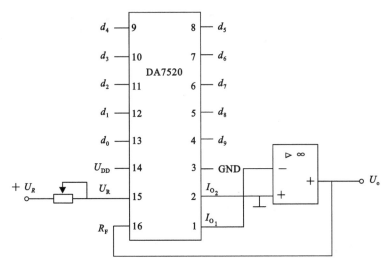

图 11-7　DA7520 的外引线排列及连接电路

线性误差:±(1/2)LSB(LSB 表示输入数字量最低位),若用输出电压满刻度范围 FSR 的百分数表示则为 0.05%FSR。

转换速度:500 ns

温度系数:0.001%/OC

(2) 应用举例

图 11-8 所示的电路为一个由 10 位二进制加法计数器、DA7520 转换器及集成运放组成的锯齿波发生器。10 位二进制加法计数器从全"0"加到全"1",电路的模拟输出电压 u_o 由 0 V 增加到最大值,此时若再来一个计数脉冲,则计数器的值由全"1"变为全"0",输出电压也从最大值跳变为 0,输出波形又开始一个新的周期。如果计数脉冲不断,则可在电路的输出端得到周期性的锯齿波。

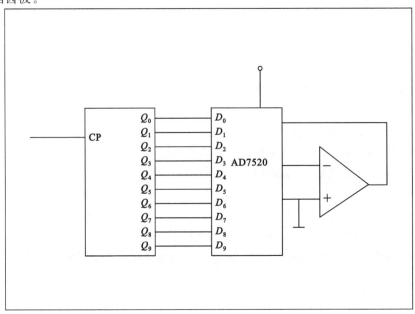

图 11-8　DA7520 组成的锯齿波发生器

11.2   A/D 转换器

A/D 转换器是模拟信号与数字信号之间的接口电路,其基本功能是将连续变化的模拟量转变成与其相对应的数字编码,基本结构框图如图 11-9 所示。使用传感器将物理过程中连续变化的物理量,经过前置低通滤波器将高频分量滤除转换为模拟信号,然后进入采样保持电路。采样是对一个时间上和量值上均是连续变化的模拟量按一定的时间间隔抽取样值。为了保证转换的准确性和稳定性,方便后续电路处理,降低对后续电路的要求,取样值在采样后必须保持不变,这就是保持过程。取样保持电路的输出信号仍然是模拟信号,若用一个测量单位去测量并取其一定精度的数值,然后将这个数值用一组二进制代码表示,这就是量化编码过程。再将取出的数位比特在 DSP 模块中进行处理,最后转换为数字输出,ADC 转换完成。

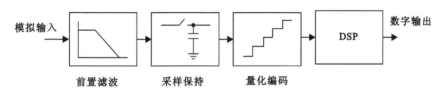

图 11-9   ADC 转换原理图

模拟量-数字量的转换过程分为两步完成:第一步是先进行模拟量离散抽取;第二步由 A/D 转换器把模拟信号转换成为数字信号。

为将时间连续、幅值也连续的模拟信号转换成时间离散、幅值也离散的数字信号,A/D 转换需要经过采样、保持、量化、编码四个阶段。通常采样、保持用一种采样保持电路来完成,而量化和编码在转换过程中实现。

11.2.1   采样与保持

将一个时间上连续变化的模拟量转换成时间上离散的模拟量称为采样。

采样脉冲的频率越高,所取得的信号越能真实地反应输入信号,合理的取样频率由取样定理确定。

取样定理:设取样脉冲 $S(t)$ 的频率为 f_s,输入模拟信号 $X(t)$ 的最高频率分量的频率为 f_{max},则 f_s 与 f_{max} 必须满足如下关系:

$$f_s \geqslant 2f_{max} \tag{11-17}$$

即采样频率大于或等于输入模拟信号 $X(t)$ 的最高频率分量 f_{max} 的两倍时,$Y(t)$ 才可以正确地反映输入信号。通常取 $f_s = (2.5 \sim 3)f_{max}$。

由于每次把采样电压转换为相应的数字信号时都需要一定的时间,因此在每次采样以后,需把采样电压保持一段时间。故进行 A/D 转换时所用的输入电压实际上是每次采样结束时的采样电压值。

根据采样定理,用数字方法传递和处理模拟信号,并不需要信号在整个作用时间内的数值,只需要采样点的数值。所以,在前后两次采样之间可把采样所得的模拟信号暂时存储起来以便将其进行量化和编码。

11.2.2 量化和编码

数字信号不仅在时间上是离散的,而且在幅值上是不连续的,任何一个数字量的大小只能是某个规定的最小量值的整数倍。为了将模拟信号转换成数字信号,在 A/D 转换器中必须将采样-保持电路的输出电压按某种近似方式规划到与之相应的离散电平上。将采样-保持电路的输出电压规划为数字量最小单位所对应的最小量值的整数倍的过程叫作量化。这个最小量值叫作量化单位。

用二进制代码来表示各个量化电平的过程叫作编码。

由于数字量的位数有限,一个 n 位的二进制数只能表示 $2n$ 个值,因而任何一个采样-保持信号的幅值只能近似地逼近某一个离散的数字量。因此在量化过程中不可避免地会产生误差,通常把这种误差称为量化误差。显然,在量化过程中,量化级分得越多,量化误差就越小。

11.2.3 A/D 转换器工作原理

A/D 转换器的种类很多,按照转换方法的不同主要分为五种:并联比较型,其特点是转换速度快,但精度不高;双积分型,其特点是精度较高,抗扰能力强,但转换速度慢;逐次逼近型,其特点是转换精度高;流水线型,兼顾了速度和精度;Σ-Δ(sigma-delta) 型,具有高分辨率,但转换速度很低,适用于音频信号的转换,用于高保真数字音响中。

(1) 并联比较型 A/D 转换器

并联比较型 A/D 转换器是一种高速 A/D 转换器。图 11-10 所示是 3 位并联型 A/D 转换器,它由基准电压 U_{REF}、电阻分压器、电压比较器、寄存器和编码器等五部分组成。U_{REF} 是基准电压;u_i 是输入模拟电压,其幅值在 0 到 U_{REF} 之间;$d_2 d_1 d_0$ 是输出的 3 位二进制代码;CP 是控制时钟信号。

由图 11-10 可知,由 8 个电阻组成的分压器将基准电压 U_{REF} 分成 8 个等级,其中七个等级的电压接到 7 个电压比较器 $C_1 \sim C_7$ 的反相输入端,作为它们的参考电压,其数修正值分别为 $U_{REF}/14$、$3 U_{REF}/14 \cdots 13 U_{REF}/14$。输入模拟电压 u_i 同时接到每个电压比较器的同相输入端上,使之与 7 个参考电压进行比较,从而决定每个电压比较器的输出状态。

当 $0 \leqslant u_i < U_{REF}/14$ 时,7 个电压比较器的输出全为 0,CP 到来后,寄存器中各个触发器都被置 0。经编码器编码后输出的二进制代码为 $d_2 d_1 d_0 = 0$。

依次类推,可以列出 u_i 为不同等级时寄存器的状态及相应的输出二进制数,如表 11-1所示。

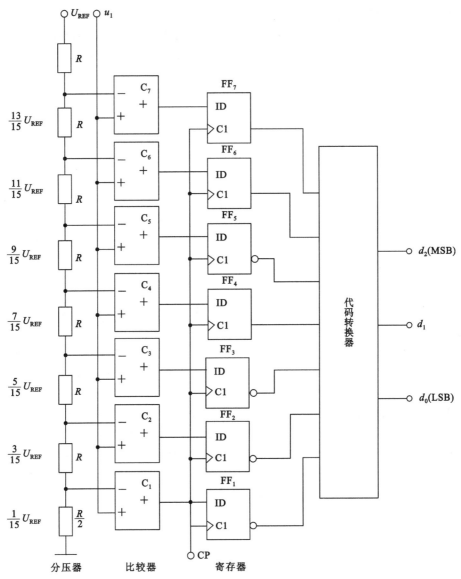

图 11-10　3 位并联比较型 A/D 转换器

表 11-1　　　　　　　　　　双并联比较型 A/D 转换器真值表

输入模拟电压	寄存器状态								输出二进制数		
u_i	D_0	D_1	D_2	D_3	D_4	D_5	D_6	D_7	d_2	d_0	d_1
$(0 \sim 1/14) U_{REF}$	0	0	0	0	0	0	0	0	0	0	0
$(1/14 \sim 3/14) U_{REF}$	0	0	0	0	0	0	0	1	0	0	1
$(3/14 \sim 5/14) U_{REF}$	0	0	0	0	0	1	1	1	0	1	0
$(5/14 \sim 7/14) U_{REF}$	0	0	0	1	1	1	1	1	0	1	1
$(7/14 \sim 9/14) U_{REF}$	0	0	0	1	1	1	1	1	1	0	0
$(9/14 \sim 11/14) U_{REF}$	0	0	1	1	1	1	1	1	1	0	1
$(11/14 \sim 13/14) U_{REF}$	0	1	1	1	1	1	1	1	1	1	0
$(13/14 \sim 1/14) U_{REF}$	1	1	1	1	1	1	1	1	1	1	1

并联比较型 A/D 转换器的最大优点是转换速度快,它是各种 A/D 转换器中速度最快的一种。这是因为输入信号电压 u_i 同时加到电压比较器的所有输入端,从加入 u_i 到二进制数的稳定输出所经历的时间为电压比较器、触发器和编码器的延迟时间之和。而且各位代码的转换几乎是同时进行的,增加输出代码位数对转换速度的影响很小。

并联比较型 A/D 转换器的主要缺点是使用的比较器和触发器较多。随着分辨率的提高,所需元件数目要按几何级数增加。输出为 3 位二进制代码时,需要电压比较器和触发器的个数均为 $2^3-1=7$。当输出为 n 位二进制数时,需要的电压比较器和触发器个数均为 2^n-1。例如:当 $n=10$ 时,需要的电压比较器和触发器的个数均为 $2^{10}-1=1023$。相应的编码器也变得复杂起来。显然,这种 A/D 转换器的成本高,是不经济的。在一般场合较少使用。

(2) 双积分型 A/D 转换器

双积分型 A/D 转换器又称为双斜率 A/D 转换器。图 11-11 所示是双积分型 A/D 转换器的原理框图。它由基准电压源、积分器、比较器、时钟脉冲输入控制门、n 位二进制计数器、定时器和逻辑控制门电路组成。各部分作用如下:开关 S_1 控制将模拟电压或基准电压送到积分器输入端;开关 S_2 控制积分器是否处于积分工作状态;比较器对积分器输出模拟电压的极性进行判断:$u_o \leqslant 0$ 时,比较器输出 $C_O = 1$(高电平);$u_o > 0$ 时,比较器输出 $C_O = 0$(低电平);时钟脉冲输入控制门是由比较器的输出 C_O 进行控制:当 $C_O = 1$ 时,允许时钟脉冲输入至计数器;当 $C_O = 0$ 时,禁止时钟脉冲输入;计数器对输入的时钟脉冲进行计数;定时器在计数器计满(溢出)时就置 1;逻辑控制门控制开关 S_1 的动作,以选择输入模拟信号或基准电压。双积分型 A/D 转换器的基本原理是:对输入模拟电压 u_i 和基准电压进行两次积分,先对输入模拟电压 u_i 进行积分,将其变换成与输入模拟电压 u_i 成正比的时间间隔 T_1,再利用计数器测出此时间间隔,则计数器所计的数字信号就正比于输入的模拟电压 u_i;接着对基准电压进行同样的处理。

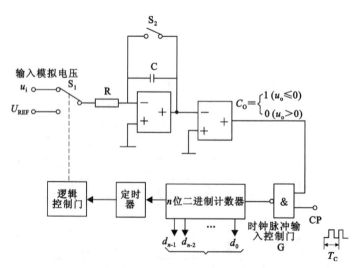

图 11-11 双积分型 A/D 转换器的原理框图

双积分型 A/D 转换器中积分器的输入、输出与计数脉冲间的关系如图 11-12 所示。

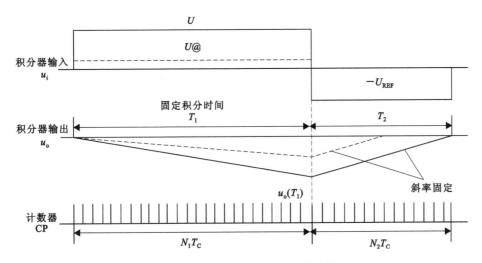

图 11-12　积分器输入、输出与计数脉冲的关系

电路的工作原理如下：

① 起始状态。

在积分转换开始之前,控制电路使计数器清零,电子开关 S_2 闭合,电容 C 放电,C 放电结束后 S_2 再断开。

② 积分器对 u_i 进行定时积分。

转换开始($t=0$)时,控制电路使电子开关 S_1 接通模拟电压输入端,积分器从原始状态 0 V开始对输入模拟电压 u_i 积分,其输出电压 u_o 为：

$$u_o(t_1) = -\frac{1}{C}\int_0^{t_1}\frac{u_i}{R}\mathrm{d}t = -\frac{1}{RC}\int_0^{t_1}u_i\mathrm{d}t \tag{11-18}$$

因为积分期间 $u_i = U_i$ 保持不变,所以：

$$u_o(t_1) = -\frac{1}{RC}\int_0^{t_1}u_i\mathrm{d}t = -\frac{1}{RC}\int_0^{t_1}U_i\mathrm{d}t = \frac{U_i}{RC}t_1 \tag{11-19}$$

在对 u_i 进行积分时,由于 u_i 为正,所以 $u_o(t)$ 为负,从而使比较器输出为高电平,打开时钟输入控制门 G,频率为 f_c 的 CP 脉冲进入 n 位二进制加法计数器,计数器进行递增计数。

当计数器计满归零时,定时器置 1,逻辑控制门使电子开关接通基准电压输入端,积分器对输入模拟电压 u_i 积分过程结束后,开始对基准电压 U_{REF} 积分。

$$T_1 = N_1 \times T_c = 2^n \times T_c \tag{11-20}$$

式中, N_1 为 n 位二进制加法计数器的容量, T_c 为时钟脉冲信号 CP 脉冲的周期。因此,在对 u_i 的积分过程结束时,积分器的输出电压 u_o 为：

$$u_o(T_1) = \frac{U_i}{RC}T_1 = \frac{U_i}{RC}T \times 2^n \times T_c \tag{11-21}$$

③ 积分器对 $-U_{REF}$ 进行反向积分。

当 S_1 接通基准电压 $-U_{REF}$ 后,积分器开始对 $-U_{REF}$ 进行积分,其输出电压的起始值为 $u_o(T)$ 。虽然基准电压是负值,积分器进行的是反向积分,但是 u_o 的初始值 $u_o(T)$ 是负的,因此比较器的输出 C_0 仍为高电平,时钟输入控制门 G 是打开的,计数器计满归零后,在积分器对$-U_{\text{REF}}$进行积分时，又从 0 开始进行递增计数。

在积分器对$-U_{\text{REF}}$进行反向积分时，其输出电压 u_o 为：

$$u_o(t_2) = u_o(T_1) - \frac{1}{C}\int_0^{t_2}\frac{U_{\text{REF}}}{R}\,\mathrm{d}t = u_o(T_1) + \frac{U_{\text{REF}}}{RC}t_2 \tag{11-22}$$

随着反向积分过程的进行，$u_o(t)$ 逐渐升高，当 $u_o(t)$ 上升到 0 时，比较器输出 C_O 跳变为低电平，封锁时钟输入控制门 G，计数器停止计数，对$-U_{\text{REF}}$ 的反向积分过程结束。因此有：

$$u_o(t_2) = u_o(T_1) + \frac{U_{\text{REF}}}{RC}T_2 = 0,$$

$$T_2 = -\frac{u_o(T_1)}{U_{\text{REF}}}RC = \frac{U_i}{U_{\text{REF}}}\times 2^n \times T_C \tag{11-23}$$

若反向积分过程结束时，计数器中所计的二进制数为 N_2 则：

$$T_2 = N_2 \times T_C \tag{11-24}$$

因此可得：

$$N_2 = \frac{2^n}{U_{\text{REF}}}U_i \tag{11-25}$$

式(11-25)说明计数器所计的二进制数 N_2 与输入模拟电压 u_i 成正比，只要 $u_i < U_{\text{REF}}$，转换器就能正常地将输入模拟电压转换为数字信号，并能从计数器读取转换结果。如果 $U_{\text{REF}} = 2^n$ V，则 $N_2 = U_i$，计数器所计的数在数值上就等于输入模拟电压。

在积分器完成对$-U_{\text{REF}}$ 的反向积分后，即可由控制逻辑电路将计数器中的二进制数并行输出。如果还要进行新的转换，则需让 A/D 转换器恢复到初始状态，再重复上述过程。

双积分型 A/D 转换器的性能比较稳定，转换精度高，具有很高的抗干扰能力，电路结构简单，其缺点是工作速度低。在对转换精度要求较高，而对转换速度要求较低的场合，如数字万用表等检测仪器中，该转换器得到了广泛的应用。

（3）逐次逼近型模-数转换器

逐次逼近型模-数转换器目前用得较多。下面举例说明逐次逼近的方法和原理。

若用四个分别重 8 g、4 g、2 g、1 g 的砝码去称重 11.3 g 的物体，称量方法如表 11-2 示例。

表 11-2 逐次逼近称物一例

顺序	砝码重量	比较判别	该砝码是否保留
1	8 g	8 g<11.3 g	保留
2	8 g+4 g	12 g>11.3 g	不保留
3	8 g+2 g	10 g<11.3 g	保留
4	8 g+2 g+1 g	11 g<11.3 g	保留

最小砝码就是称量的精度，在上例中为 1 g。逐次逼近型模-数转换器的工作过程与上述称物过程十分相似，逐次逼近型模-数转换器一般由顺序脉冲发生器、逐次逼近寄存器、D/A转换器和电压比较器等几部分组成，其原理框图如图 11-13 所示。

转换开始，顺序脉冲发生器输出的顺序脉冲首先将寄存器的最高位置"1"，经 D/A 转换器转换为相应的模拟电压 U_A 送入比较器与待转换的输入电压 U_i 进行比较。若 $U_A > U_i$，说明数字量过大，将最高位的"1"除去，而将次高位置"1"；若 $U_A < U_i$，说明数字量还不够大，将最

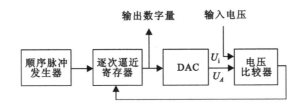

图 11-13　逐次逼近型模-数转换器原理框图

高位的"1"保留,并将次高位置"1"。这样逐次比较下去,一直到最低位为止。寄存器的逻辑状态就是对应于输入电压 U_i 的输出数字量。

下面结合图 11-14 的具体电路来说明逐次逼近的过程,其电路由下列几部分组成。

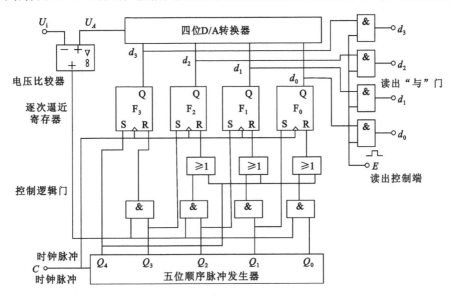

图 11-14　四位逐次逼近型模-数转换器的原理电路

① 逐次逼近寄存器。它由四个 RS 触发器 F_3、F_2、F_1、F_0 组成,其输出是四位二进制数 $d_3d_2d_1d_0$。

② 顺序脉冲发生器。它是一个环形计数器,输出的是五个在时间上有一定先后顺序的脉冲 Q_4、Q_3、Q_2、Q_1、Q_0,依次右移一位,波形如图 11-15 所示。Q_4 端接 F_3 的 S 端及三个"或"门的输入端;Q_3、Q_2、Q_1、Q_0 分别接四个控制"与"门的输入端,其中 Q_3、Q_2、Q_1 还分别接 F_2、F_1、F_0 的 S 端。

③ D/A 转换器。它的输入来自逐次逼近寄存器,而从 T 形电阻网络的 A 点输出,输出电压 U_A 是正值,送到电压比较器的同相输入端。

④ 电压比较器。用它比较输入电压 U_i(加在反相输入端)与 U_A 的大小以确定输出端电位的高低。若 $U_A < U_i$,则输出端为"0";若 $U_A > U_i$,则输出端为"1"。它的输出端接到四个控制"与"门的输入端。

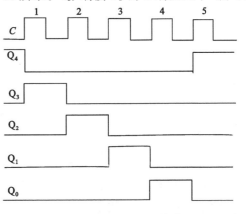

图 11-15　环行计数器的波形

⑤ 控制逻辑门。图 11-14 中有四个"与"门和三个"或"门,用来控制逐次逼近寄存器的输出。

⑥ 读出"与"门。当读出控制端 E=0 时,四个"与"门封闭;当 E=1 时,把它们打开,输出 $d_3d_2d_1d_0$ 即为转换后的二进制数。

设 D/A 转换器的参考电压为 +8 V,输入模拟电压为 5.2 V,我们来分析电路的转换过程:

转换开始前,先将 F_3、F_2、F_1、F_0 清零,并置顺序脉冲 $Q_4Q_3Q_2Q_1Q_0=10000$ 状态。当第一个时钟脉冲 C 的上升沿到来时,使逐次逼近寄存器的输出 $d_3d_2d_1d_0=1000$ 加在 D/A 转换器上,由前一节讨论可知此时 D/A 转换器的输出电压:

$$U_A = \frac{U_R}{2^4}(d_3 \cdot 2^3 + d_2 \cdot 2^2 + d_1 \cdot 2^1 + d_0 \cdot 2^0) = \frac{8}{16} \times 8 = 4 \text{ V} \qquad (11\text{-}26)$$

因 $U_A < U_i$,所以比较器的输出为"0",同时顺序脉冲右移一位,变为 $Q_4Q_3Q_2Q_1Q_0=01000$ 状态。

当第二个时钟脉冲 C 的上升沿到来时,使逐次逼近寄存器的输出 $d_3d_2d_1d_0=1100$。此时,$U_A=6$ V,$U_A > U_i$,比较器的输出为"1",同时顺序脉冲右移一位,变为 $Q_4Q_3Q_2Q_1Q_0=00100$ 状态。

当第三个时钟脉冲 C 的上升沿到来时,使逐次逼近寄存器的输出 $d_3d_2d_1d_0=1010$。此时,$U_A=5$ V,$U_A < U_i$,比较器的输出为"0",同时顺序脉冲右移一位,变为 $Q_4Q_3Q_2Q_1Q_0=00010$ 状态。

当第四个时钟脉冲 C 的上升沿到来时,使逐次逼近寄存器的输出 $d_3d_2d_1d_0=1011$。此时,$U_A=5.5$ V,$U_A > U_i$,比较器的输出为"0",同时顺序脉冲右移一位,变为 $Q_4Q_3Q_2Q_1Q_0=00001$ 状态。

当第五个时钟脉冲 C 的上升沿到来时,$d_3d_2d_1d_0=1011$ 保持不变,此即为转换结果。此时,若在 E 端输入一个正脉冲,即 E=1,则将四个读出"与"门打开,得以输出。同时,$Q_4Q_3Q_2Q_1Q_0=10000$,返回初始状态。

这样就完成了一次转换,转换过程如表 11-3 和图 11-16 所示。

表 11-3　　　　　　　　　四位逐次逼近型 A/D 转换器的转换过程

顺序	$d_3d_2d_1d_0$	U_A/V	比较判别	该位数码"1"是否保留
1	1000	4	$U_A < U_i$	保留
2	1100	6	$U_A > U_i$	不保留
3	1010	5	$U_A < U_i$	保留
4	1011	5.5	$U_A \approx U_i$	保留

上例转换中绝对误差为 0.02 V,显然误差与转换器的位数有关,位数越多,误差越小。

因为模拟电压在时间上一般是连续变化量,而要输出的是数字量(二进制数)。所以在进行转换时必须在一系列选定的时间间隔对模拟电压采样,经采样保持电路后,得出每次采样结束时的电压就是上述转换的输入电压。

（4）流水线 A/D 转换器

流水线 ADC 相比于其他类型的转换器来说，能够在速度和精度上达到良好的折中，这是由其结构特征决定的。流水线 ADC 是由两步式模数转换器演变而来的，不同点在于流水线 ADC 每一级都具有采样保持功能，这个特点支持流水转换操作，能够保证转换速度；另外，从理论上讲，流水线 ADC 能够支持无限精度转换，只需要不断地增加级数即可。通用的流水线 ADC 的架构如图 11-17 所示。

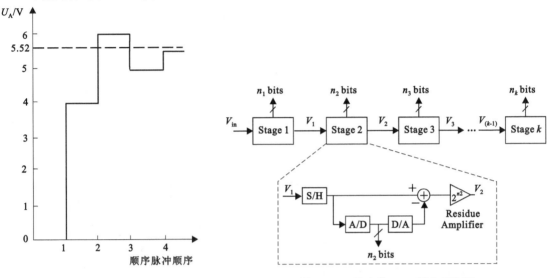

图 11-16　U_A 逼近 U_i 的波形　　　　图 11-17　流水线 ADC 基本架构图

进入流水线 ADC 中处理的模拟信号，首先进入一个采样保持单元捕获将要转换的模拟量，采样后的电平依次经过若干流水结构得到一系列数字量，经过延迟对准电路和数字校正电路处理后输出。每一级流水结构又包括采样保持功能模块、子 ADC 模块、子 DAC 模块、减法电路及残差放大模块。

流水线 ADC 的每级结构基本上相同，每一级的输入信号经过采样后同时分别送到MDAC 和 sub-ADC 中，sub-ADC 的输出数字序列经过 DAC 转换成与之对应的模拟量，采样信号经过残差放大器减去此模拟量得到残差信号，经放大后作为下一级的输入。除了最后一级外，每一级具有相同的结构，区别在于可能每一级处理的位数不同，而最后一级因为不需要输出残差信号，只需要输出数字编码即可，所以最后一级是由一个 flash-ADC 构成。

（5）Σ-Δ 型 ADC

Σ-Δ（sigma-delta）A/D 转换器是一种新型的高分辨率 A/D 转换器。Σ-Δ 型 ADC 不是直接根据采样的样值大小进行量化编码的，而是根据前一量值与后一量值的差值即所谓增量的大小来进行量化编码。也可以说它是根据信号波形的包络线来进行量化编码的。它由相对独立的 Σ-Δ 调制器和数字抽取滤波器两部分组成。Σ-Δ 调制器将输入的模拟信号以高于Nyquist 频率若干倍（典型为 64～1024 倍）的频率进行采样，随后进行低比特（常为 1 位）量化，再将这种高采样率、低分辨率的数字信号经数字抽取滤波器进行抽取滤波，最终获得以Nyquist 采样率输出的高分辨数字信号。此类转换器具有一个先天的优势，即不需要特别的微调与校准，即使分辨率达到 16～18 位，它们也不需要在模拟输入端增加快速滚降的抗混叠滤波器，因为采样速率要比有效带宽高得多。此转换器的该采样特性还可以用来平滑一模拟输入中的任何噪声系统。然而,过采样转换器要以速率换取分辨率。由于产生一个最终采样需要采样很多次(至少是 16 倍,一般会更多),这就要求调制器内部模拟电路的工作速率要比最终的数据速率快得多。数字抽取滤波器也是其中的关键,它是决定硅片面积的主要因素之一。

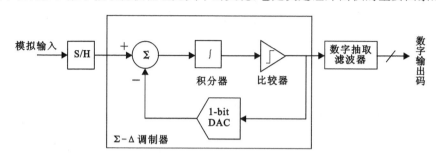

图 11-18　过采样 Σ-Δ ADC 结构图

从图 11-18 中可以看出,Σ-Δ 型 ADC 由两部分组成,第一部分为模拟 Σ-Δ 调制器,第二部分为数字抽取滤波器。Σ-Δ 调制器以极高的采样频率对输入模拟信号进行采样,并对两个采样值之间的差值进行低位量化,从而得到用低位数码表示的数字信号即 Σ-Δ 码;然后将这种 Σ-Δ 码送给第二部分的数字抽取滤波器进行抽取滤波,从而得到高精度的线性脉冲编码调制的数字信号。因此抽取滤波器实际上相当于一个码型变换器。Σ-Δ 型 ADC 的采样频率往往要比奈奎斯特采样频率高出许多倍。Σ-ΔADC 采用了极低位的量化器,从而避免了制造高位转换器和高精度电阻网络的困难。因为它采用了 Σ-Δ 调制技术和数字抽取滤波,可以获得极高的精度,同时由于采用了低位量化输出的采样高分辨率的码,不会对抽样值幅度变化敏感,而且由于码位低,抽样与量化编码可以同时完成,几乎不花时间,因此不需要采样保持电路,这就使得采样系统的构成大为简化。Σ-ΔADC 实际上是以高采样频率来换取高位量化,即以速度来换精度。

它的一个突出优点是在一片混合信号 CMOS 大规模集成电路上实现了 ADC 与数字信号处理技术的结合,而且精度可以达到 24 位。但是当高速转换时,需要高阶调制器;在转换速度相同的条件下,比积分型和逐次逼近型 ADC 的功耗高,而且由于转换速度比较慢,也限制了它应用的范围。

11.2.4　A/D 转换器的主要技术参数

(1) 分辨率

分辨率是指 A/D 转换器输出数字量的最低位变化一个数码时,对应输入模拟量的变化量。通常以 A/D 转换器输出数字量的位数表示分辨率的高低,因为位数越多,量化单位就越小,对输入信号的分辨能力也就越高。例如,输入模拟电压满量程为 10 V,若用 8 位 A/D 转换器转换时,其分辨率为 $10\ V/2^8 = 39\ mV$,10 位的 A/D 转换器是 9.76 mV,而 12 位的 A/D 转换器为 2.44 mV。

(2) 转换误差

转换误差表示 A/D 转换器实际输出的数字量与理论上的输出数字量之间的差别。通常以输出误差的最大值形式给出。转换误差也叫相对精度或相对误差。转换误差常用最低有效位的倍数表示。例如,某 A/D 转换的相对精度为 $\pm(1/2)LSB$,这说明理论上应输出的数字量与实际输出的数字量之间的误差不大于最低位为 1 的一半。

（3）转换速度

A/D 转换器从接收到转换控制信号开始，到输出端得到稳定的数字量为止所需要的时间，即完成一次 A/D 转换所需的时间称为转换速度。采用不同的转换电路，其转换速度是不同的，并行型比逐次逼近型要快得多。低速的 A/D 转换器为 $1\sim30$ ms，中速 A/D 转换器的时间在 50 μs 左右，高速 A/D 转换器的时间在 50 ns 左右，ADC809 的转换时间在 100 μs 左右。

11.3 技术应用

图 11-19（a）是采用 AD7896 构成的模拟信号/数字信号（A/D）转换电路。AD7896 是带有串行口的 A/D 转换器，可将输入信号（传感器的输出信号）转换为数字信号，通过光电耦合器的电器隔离送至微型计算机进行处理。AD7896 转换器的电源电压为 $+5$ V，光电耦合器输入端的电源电压为 $+6$ V，输出端为 $+5$ V，输入信号的电压范围为 $0\sim4.5$ V。

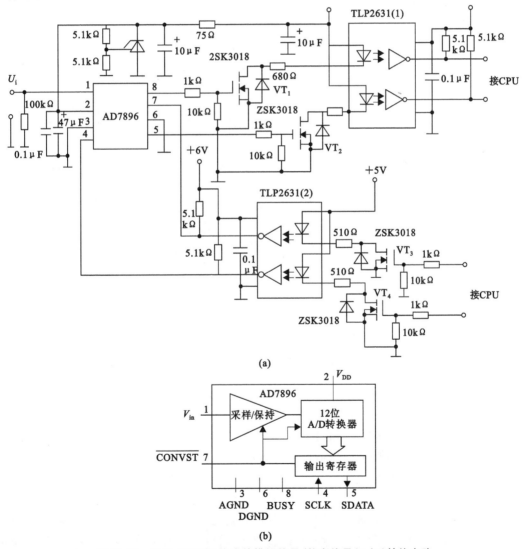

(a)

(b)

图 11-19　采用 AD7896 构成的模拟信号/数字信号（A/D）转换电路

（a）A/D 转换电路；（b）AD7896 的内部等效电路

电路中的 A/D 转换器 AD7896 的电源电压为 2.7～5.5 V;采用 8 脚封装,管脚配置如图 11-19(b)所示;分辨率为 12 位;转换时间为 8 μs;片内有基准电源电路;消耗电流为 5 mA。光电耦合器选用 TLP2631,其响应信号的上升和下降时间都为 30 ns,传输延迟时间为 75 ns。微型计算机读取数据的定时设定受到光电耦合器的传输延迟时间的影响,因此,要尽量使延迟时间短,这与选用的场效应管及光电耦合器接入的电阻有关。

图 11-20 所示为隔离模拟信号/数字信号(A/D)转换电路。在计测系统、监视系统和医疗系统中,为了确保安全,信号与系统之间需要进行电气隔离。隔离电路一般用于以下几种情况,既进行共模电压高的信号源的测量、雷击保护的电路、防止心率计等电流流入人体以免触电、高精度测量时计测方的地与系统的地分离。经常采用 12 位串行输出 A/D 转换器和光电耦合器构成的 A/D 转换器。

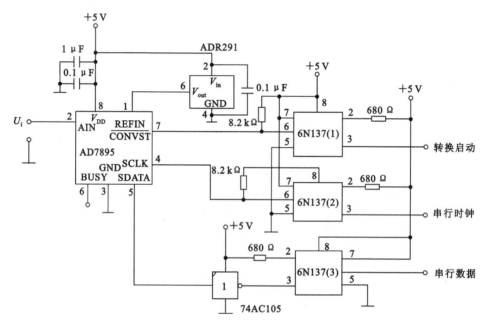

图 11-20　隔离型模拟信号/数字信号(A/D)转换电路

考虑 A/D 转换器输出数据的通信速率等选择光电耦合器,这里选用 6N137 光电耦合器。光电耦合器的传输延迟时间较长,脉冲的前后沿不一样,因此,脉冲的幅度发生变化。既采用 10 Mb/s 传输速率的高速光电耦合器,其延迟时间也较大,因此,要注意读出时钟与输出数据的同步问题。绝缘耐压成为主要问题时要在基板上开缝隙,考虑输入输出间的物理距离。只是考虑高的绝缘耐压,而数据速率是次要问题时也可以采用光电晶体管进行电气隔离。要求更高数据传输速率时可以选用磁耦合方式。

图 11-21(a)是高精度远程直流传输的数字信号/模拟信号(D/A)转换电路。实际进行远程直流传输时,由于线路压降使电压信号精度降低。例如,图 11-21(b)所示电路中,D/A 转换器输出信号传给负载时,传输电流 i_L 要形成回路,由于传输线路中电阻 R_1 和 R_2 为 100 mΩ 左右,电流 i_L 为 1 mA 时,在负载 R_L 上就有 200 μV 的误差,这相当于 5 V 输出的 16 位 D/A 转换器的 2.6LSB。在实际的系统中,地线还有其他的电流流通,因此,产生的误差更大。为此,采用图 11-21(c)所示电路,将电流流经的负载线路与设定电压的传感器线路分开,这样,电流不会受到影响。若地线也分为电流流经的负载回线与高阻抗的 0 V 信号线,则使回程电流的

影响最小。若在发送方增设运算放大器,分为电流流通的线路与传输电压信号的线路,则传输线路中电阻的影响可忽略不计。D/A 转换器与放大器连接到图 11-21(c)中的 A_2 输出,不同系统的电源共一个地。

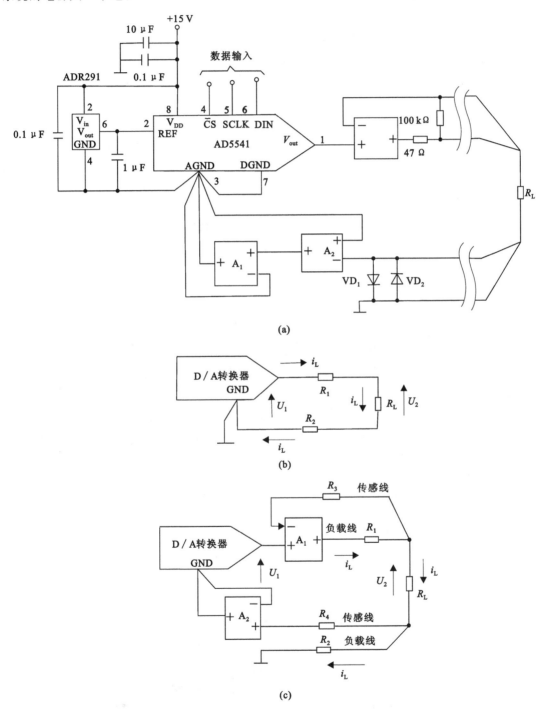

图 11-21　高精度远程直流传输的 D/A 转换电路

回顾本章可以总结如下：

D/A转换器将输入的二进制数字信号转换成与之成正比的模拟电量输出。实现数模转换有多种方式，常用的是电阻网络D/A转换器、全电阻网络D/A转换器、T形电阻网络D/A转换器和倒T形电阻网络D/A转换器，其中以倒T形电阻网络D/A转换器速度快、性能好，适合于集成工艺制造，因而被广泛应用，电阻网络D/A转换器的转换原理都是把输入的数字信号转换为权电流之和，所以在应用时，要外接运算放大器，把电阻网络的输出电流转换成输出电压。D/A转换器的分辨率和精度都与D/A转换器的位数有关，位数越多，分辨率和精度就越高。

A/D转换器将输入的模拟电压转换成与之成正比的二进制数字信号。A/D转换分直接转换型和间接转换型。直接转换型速度快，如并联比较型A/D转换器。间接转换型速度慢，如双积分型A/D转换器。逐次逼近型A/D转换器也属于直接转换型，但要进行多次反馈比较，所以速度比并联型慢，但比间接型A/D转换器快。

A/D转换要经过取样、保持、量化及编码实现。取样、保持电路对输入模拟信号抽样取值，并展宽(保持)；量化是对值脉冲进行分级，编码是将分级后的信号转换成二进制代码。在对模拟信号取样时，必须满足取样定理：取样脉冲的频率 f_s 大于输入模拟信号最高频率分量的2倍，即 $f_s \geqslant 2f_{max}$。这样才能做到不失真地恢复出原模拟信号。

不论是A/D转换还是D/A转换，基准电压 U_{REF} 都是一个很重要的应用参数，要理解基准电压的作用，尤其是在A/D转换中，它的值对量化误差、分辨率都有影响。一般应按器件手册给出的电压范围取用，并且保证输入的模拟电压最大值不能大于基准电压值。

并联比较型、逐次逼近型和双积分型A/D转换器各有特点，在不同的应用场合，可选用不同类型的A/D转换器。高速场合下，可选用并联比较型A/D转换器，但受到位数的限制，精度不高，而且价格贵；在低速场合，可选用双积分型A/D转换器，它的精度高，抗干扰能力强。音频应用时，选用 $\Sigma-\Delta$ 型A/D转换器，这种类型是目前精度最高的ADC，可达到24位以上精度，多用于高保真音响设备中；逐次逼近型A/D转换器与流水线ADC兼顾了上述两种A/D转换器的优点，在速度和精度上达到良好的折中，从理论上讲，这两种ADC能够支持无限精度转换，只是精度越高、转换速度越慢。需要在速度和精度上达到合理的折中，即可达到速度较快、精度较高的目的，一般逐次逼近型A/D转换器价格适中，因此应用比较普遍。

思考题与习题

11.1 常见的D/A转换器有哪几种？它们各自的特点是什么？

11.2 A/D转换器的主要性能指标和含义是什么？

11.3 "火花"码发生在哪种结构的A/D转换器中？产生的主要原因是什么？

11.4 试解释余差的概念。在流水线结构中，余差的产生方式有何不同？

11.5 试画出流水线结构A/D转换器的原理框图，并解释其工作原理。

11.6 高速A/D转换器有哪几种主要结构？各有什么特点？

11.7 电阻网络D/A转换器在应用时，为什么要外接求和运算放大器？

11.8 常见的A/D转换器有哪几种？它们各自的特点是什么？

11.9 A/D转换包括哪些过程？

11.10 A/D 转换器的分辨率和相对精度与什么有关?

11.11 有一个八位 T 形电阻网络 D/A 转换器,设 $U_R = +5\ \text{V}$,$R_F = 3R$,分别求:$d_7 \sim d_0 = 1111\ 1111$、$1000\ 0000$、$0000\ 0000$ 时的输出电压 U_O。

11.12 有一个八位 T 形电阻网络 D/A 转换器,$R_F = 3R$,若 $d_7 \sim d_0 = 0000\ 0001$ 时,$U_O = -0.04\ \text{V}$,那么 $d_7 \sim d_0 = 0001\ 0110$ 和 $1111\ 1111$ 时的 U_O 各为多少伏?

11.13 某 D/A 转换器要求十位二进制数能代表 $0 \sim 10\ \text{V}$,问此二进制数的最低位代表几伏?

11.14 在图 11-6(倒 T 形电阻网络 D/A 转换器)中,当 $d_3 \sim d_0 = 1010$ 时,试计算输出电压 U_O,设 $U_R = +10\ \text{V}$,$R_F = R$。

11.15 在图 11-6(倒 T 形电阻网络 D/A 转换器)中,设 $U_R = +10\ \text{V}$,$R_F = R = 10\ \text{k}\Omega$,当 $d_3 \sim d_0 = 1011$ 时,试比较此时的 I_R,I_{O1},U_O 及各支路电流 I_3,I_2,I_1,I_0。

11.16 在四位逐次逼近型 A/D 转换器中,设 $U_R = 10\ \text{V}$,$U_i = 8.2\ \text{V}$,试说明逐次比较的过程和转换的结果。

11.17 12 位的 D/A 转换器的分辨率是多少?当输出模拟电压的满量程值是 $10\ \text{V}$ 时,能分辨出的最小电压值是多少?当该 D/A 转换器的输出是 $0.5\ \text{V}$ 时,输入的数字量是多少?

11.18 在 8 位 A/D 转换器中,若 $U_R = 4\ \text{V}$,当输入电压分别为 $U_I = 3.9\ \text{V}$、$U_I = 3.6\ \text{V}$、$U_I = 1.2\ \text{V}$ 时,输出的数字量是多少?(用二进制数表示)

11.19 为什么过采样 A/D 转换器能实现高精度?

12　集成电路设计与仿真软件
——Hspice 仿真环境简介

12.1　Hspice 基础知识

Hspice(现在属于 Synopsys 公司)是 IC 设计中最常使用的工业级电路仿真工具,用以对电子电路的稳态、瞬态及频域的仿真和分析,可以精确地仿真、分析、优化从直流到高于 100 GHz频率的微波电路。目前,一般书籍都采用 Level2 的 MOS Model 进行计算和估算,与 Foundry 经常提供的 Level49 和 Mos9、EKV 等 Library 不同,而以上 Model 要比 Level2 的 Model 复杂得多,因此 Designer 除利用 Level2 的 Model 进行电路的估算以外,还一定要使用电路仿真软件 Hspice、Spectre 等进行仿真,以便得到精确的结果。

本节将从最基本的设计和使用开始,逐步带领读者熟悉 Hspice 的使用,并对仿真结果加以讨论,配与实例,以便建立 IC 设计的基本概念。在最后还将对 Hspice 的收敛性做深入细致的讨论,Hspice 所使用的单位如表 12-1 所示。

Hspice 输入网表文件为.sp 文件,模型和库文件为.inc 和.lib,Hspice 输出文件有运行状态文件.st0、输出列表文件.lis、瞬态分析文件.tr♯、直流分析文件.sw♯、交流分析文件.ac♯、测量输出文件.m*♯等。其中,所有的分析数据文件均可作为 AvanWaves 的输入文件用来显示波形。

表 12-1　　　　　　　　　　　　　　Hspice **所使用的单位**

单位缩写	含义
F(f)	le－15
P(p)	le－12
N(n)	le－09
U(u)	le－06
M(m)	le－03
K(k)	le＋03
Meg(meg)	le＋06
G(g)	le＋09
T(t)	le＋12
DB(db)	20lg

注:Hspice 单位不区分大小写。

12.2 输入网表文件

输入网表(netlist)文件主要由以下几部分组成。

12.2.1 电路元器件及模型描述

(1) 电路元器件

Hspice 要求电路元器件名称必须以规定的字母开头,其后可以是任意数字或字母。除了名称之外,还应指定该元器件所接节点编号和元件值。有源器件包括二极管(D)、MOS 管(M)、BJT 管(Q)、JFET 和 MESFET(J)、子电路(X)和宏、Behavioral 器件(E,G)、传输线(T,U,W)等。这里值得注意的是 MOS、JFET 和 MESFET 的 L 和 W 的单位是 m,而不是 μm。

① 电阻,电容,电感等无源元件描述方式如下:

R1 1 2 10 kΩ(表示节点 1 与 2 间有电阻 R1,阻值为 10 kΩ)

C1 1 2 1 pf(表示节点 1 与 2 间有电容 C1,电容值为 1 pf)

L1 1 2 1 mh(表示节点 1 与 2 间有电感 L1,电感值为 1 mh)

半导体器件包括二极管、双极性晶体管、结形场效应晶体管、MOS 场效应晶体管等,这些半导体器件的特性方程通常是非线性的,故也称为非线性有源元件。在电路 CAD 工具进行电路仿真时,需要用等效的数学模型来描述这些器件。

② 二极管描述语句如下:

DXXXX N+ N− MNAME <AREA> <OFF> <IC=VD>

D 为元件名称,N+ 和 N− 分别为二极管的正负节点,MNAME 是模型名,后面为可选项:AREA 是面积因子,OFF 是直流分析所加的初始条件,IC=VD 是瞬态分析的初始条件。

③ 双极型晶体管。

QXXXX NC NB NE <NS> MNAME <AREA> <OFF> <IC=VBE,VCE>

Q 为元件名称,NC、NB、NE、NS 分别是集电极、基极、发射极和衬底的节点。缺省时,NS 接地。后面可选项,与二极管的意义相同。

④ 结型场效应晶体管。

JXXXX ND NG NS MNAME <AREA> <OFF> <IC=VDS,VGS>

J 为元件名称,ND、NG、NS 为漏、栅、源的节点,MNAME 是模型名,后面为可选项,与二极管的意义相同。

⑤ MOS 场效应晶体管。

MXXXX ND NG NS NB MNAME <L=VAL> <W=VAL>

M 为元件名称,ND、NG、NS、NB 分别是漏、栅、源和衬底的节点。MNAME 是模型名,L 为沟道长,M 为沟道宽。

(2) 元器件模型

许多元器件都需用模型语句来定义其参数值。模型语句不同于元器件描述语句,它是以".."开头的点语句,由关键字.MODEL 模型名称,模型类型和一组参数组成。电阻、电容、二极管、MOS 管、双极管都可设置模型语句。这里我们仅介绍 MOS 管的模型语句,其他的可参考 Hspice 帮助手册。

MOS 管是集成电路中常用的器件,在 Hspice 中有 20 余种模型,模型参数有 40~60 个,大多是工艺参数。例如一种 MOS 模型如下:

.MODEL NSS NMOS LEVEL=3 RSH=0 TOX=275E−10 LD=.1E−6 XJ=.14E−6

+CJ=1.6E−4 CJSW=1.8E−10 UO=550 VTO=1.022 CGSO=1.3E−10

+CGDO=1.3E−10 NSUB=4E15 NFS=1E10

+VMAX=12E4 PB=.7 MJ=.5 MJSW=.3 THETA=.06 KAPPA=.4 ETA=.14

.MODEL PSS PMOS LEVEL=3 RSH=0 TOX=275E−10 LD=.3E−6 XJ=.42E−6

+CJ=7.7E−4 CJSW=5.4E−10 UO=180 VTO=−1.046 CGSO=4E−10

+CGDO=4E−10 TPG=−1 NSUB=7E15 NFS=1E10

+VMAX=12E4 PB=.7 MJ=.5 MJSW=.3 ETA=.06 THETA=.03 KAPPA=.4

上面:.MODEL 为模型定义关键字,NSS 为模型名,NMOS 为模型类型,LEVEL=3 表示半经验短沟道模型,后面 RSH=0 等为工艺参数。

12.2.2 电路的输入激励和源的描述

Hspice 中的激励源分为独立源和受控源两种,这里我们仅简单介绍独立源。独立源有独立电压源和独立电流源两种,分别用 V 和 I 表示。他们又分为直流源,交流小信号源和瞬态源,可以组合在一起使用。

① 流源。

VXXXX N+ N− DC VALUE

IXXXX N+ N− DC VALUE

例如:VCC 1 0 DC 5v(表示节点 1、0 间加电压 5 V)。

② 交流小信号源。

VXXXX N+ N− AC <ACMAG <ACPHASE>>

IXXXX N+ N− AC <ACMAG <ACPHASE>>

其中,ACMAG 和 ACPHASE 分别表示交流小信号源的幅度和相位。

例如:V1 1 0 AC 1v(表示节点 1、0 间加交流电压幅值 1 V,相位 0)。

③ 瞬态源。

瞬态源有几种,以下我们均只以电压源为例,电流源类似。

＊脉冲源(又叫作周期源)。

VXXXX N+ N− PULSE(V1 V2 TD TR TF PW PER)

V1 初始值,V2 脉动值,TD 延时,TR 上升时间,TF 下降时间,PW 脉冲宽度,PER 周期。

例如:V1 5 0 PULSE(0 1 2 ns 4 ns 4 ns 20 ns 50 ns)。

＊正弦源。

VXXXX N+ N− SIN(V0 VA FREQ TD THETA PHASE)

V0:偏置,VA:幅度,FREQ:频率,TD:延迟,THETA:阻尼因子,PHASE:相位。

＊指数源。

VXXXX N＋ N－ EXP(V1 V2 TD1 TAU1 TD2 TAU2)

V1 初始值,V2 中止值,TD1 上升延时,TAU1 上升时间常数,TD2 下降延时,TAU2 下降时间常数。

例如:V1 3 0 EXP(0 2 2ns 30ns 60ns 40ns)。

＊分段线性源。

VXXXX N＋ N－ PWL(T1 V1 ＜T2 V2 T3 V3…＞)

其中每对值(T1,V1)确定了时间 t＝T1 是分段线性源的值 V1。

例如:Vpwl 3 0 PWL (0 1,10ns 1.5)。

④ 子电路。

＊采用.GLOBAL 设置全局节点:

.GLOBAL node1 node2 node3…

＊子电路语句。

.SUBCKT SUBNAM N1＜ N2…＞

子电路的定义由.SUBCKT 语句开始。SUBNAM 是子电路名,N1＜N2…＞是外部节点号。

＊终止语句。

.ENDS(表示结束子电路定义)

＊子电路调用语句。

XYYYY N1＜ N2…＞ SUBNAM

在 Hspice 中调用子电路的方法是设定以字母 X 开头的伪元件名,其后是用来连接到子电路上的节点号,在后面是子电路名。

例如:.SUBCKT OPAMP 1 2 3 4。

具体运放电路描述:

.ENDS

Xop 1 2 3 4 OPAMP(调用该运放子电路)

12.3　电路的分析类型描述语句

分析类型描述语句由定义电路分析类型的描述语句和一些控制语句组成,如直流分析(.OP)、瞬态分析(.TRAN)等分析语句,以及初始状态设置(.IC)、选择项设置(.OPTIONS)等控制语句。它的位置可在标题语句和结束语句之间的任何地方。

(1) 直流分析

对 DC、AC 和 TRAN 分析将自动进行直流操作点(DCOP)的计算,但.TRANUIC 将直接设置初始条件,不进行 DCOP 的计算。

直流分析包含以下五种语句:

.DC:直流扫描分析;

.OP:直流操作点分析;

.PZ:Pole/Zero 分析；

.SENS:直流小信号敏感度分析；

.TF:直流小信号传输函数分析。

.DC(直流扫描语句):在指定的范围内,某一个独立源或其他电路元器件参数步进变化时,计算电路滞留输出变量的相应变化曲线。

.DC var1 start1 stop1 incl sweep var2 type np start2 stop2

例如:.DC VIN 0.25 5.0 0.25(表示电压源 V_{IN} 的值从 0.25 V 扫描到 5 V,每次增量 0.25 V)。

(2) 交流分析

交流分析是指输出变量作为频率的函数。交流分析包括以下四种语句:

.NOISE:噪声分析；

.DISTO:失真分析；

.NET:网络分析；

.SAMPLE:采样噪声分析。

.AC(交流分析语句):在规定的频率范围内完成电路的交流小信号分析。

.AC DEC ND FSTART FSTOP(数量级变化)

其中,DEC 为 10 倍频,ND 为该范围内点的数目,FSTART 为初始频率,FSTOP 为中止频率。

例如:.AC DEC 10 1 10k(指从 1~10 kHz 范围,每个数量级取 10 点,交流小信号分析)。

(3) 瞬态分析

瞬态分析是指计算的电路结果作为时间的函数。

一般形式:.TRAN TSTEP TSTOP < TSTART <TMAX> > < UIC >

TSTEP 为时间增量,TSTOP 为终止时间,TSTART 为初始时间(若不设定,则隐含值为 0)。

例如:.TRAN 1NS 10000NS 500NS(瞬态分析 500~10000 ns,步长为 1 ns)具体电路的分析类型描述语句可查阅 Hspice 在线帮助。

12.4　输出格式描述语句

(1) 输出命令

.PRINT 、.PLOT 、GRAPH 、.PROBE 和.MEASURE。

.PLOT antype ov1 ov2… plo1 ,phhi1…plo32 , phi32

.PROBE ov1 ov2… ov32

.PRINT antype ov1 ov2… ov32

有五种输出变量形式。

① 直流和瞬态分析。

直流和瞬态分析用于显示单个节点电压,支路电流和器件功耗。

.print TYPE V(node)或.plot I(node) ,也可用.graph 、.probe。

TYPE 为指定的输出分析类型,如 DC 分析中,TYPE 也跟接变量 I(node)——表示节点电流、接 P(rload)——表示在负载 rload 上的分析点的功耗。

② 交流分析。

交流分析用于显示节点电压和支路电流的实部、虚部和相位。

vi(node)表示节点电压的虚部,ip(node)表示节点电流的相位,vp(4,6)表示节点 4、6 间的相位角。

③ 器件模版。

器件模版用于显示制定的器件节点的电压、支路电流和器件参数。

lv16(m3)表示 MOS 管 m3 的漏电流,其他表示方式见手册。

④ MEASURE 语句。

MEASURE 语句用于显示用户自定义的变量。

可以采用的句法包括:raise ,fall ,delay ,average ,RMS ,min ,max ,p－p 等。

⑤ 参数语句。

参数语句用于显示用户自定义的节点电压等表达式。

语法格式:.print tran out_var_name＝PAR('expression')

(2) 还可以采用 AvanWave 进行波形输出

电路的波形可以在 AvanWave 中 TOP 层下双击添加子电路层后选择显示。

12.5　控制语句和 option 语句

(1) .option(可选项)语句

.options 语句格式:.options opt1 opt2 opt3⋯ opt＝x

ACCT(打印出计算和运行时间统计)。

LIST(打印出输入数据总清单)。

NODE(打印出结点表)。

NOMOD(抑制模型参数的打印输出)。

一般在每个仿真文件中设置 options 为.options acct/list/post,也可以设置为.options node/opts,其中.option list 表示将器件网表、节点连接方式等输入到列表文件,用于 debug 与电路拓扑结构有关的问题;.option node 表示将输出节点连接表到列表文件,用于 debug 与由于电路拓扑结构引起的不收敛问题;.option acct 表示在列表文件中输出运行时间统计和仿真效率;.option opts 在列表文件中报告所有的.option 设置;.option nomod 表示不输出MODEL 参数,以便减小列表文件的大小;.option brief＝1 表示不输出网表信息,直到设置.option brief＝0;.protect/.unprotect 用于屏蔽网表文件中要保护的信息;.option bypass＝1不计算 latent 器件;.option autostop 表示当所有.measure 语句完成时,终止仿真;.option accurate＝1 表示设置为最精确的仿真算法和容差;tstep 表示仿真步长值;delmax 表示最大允许时间步长,其中 delmax＝tstep* max,.option dvdt＝4 用于数字 CMOS 电路仿真(默认设置);.option dcca＝1 在直流扫描时强行计算随电压变化的电容;.option captab 对二极管、BJT 管、MOS、JFET、无源电容器,打印出信号的节点电容值;.option dcstep＝val 将直流模型和器件转换为电导,主要应用于"No DC Path to Ground"或有直流通路,但不符合 Hspice 定义的情况。

（2）MODELOPTION 语句

SCALE 影响器件参数，如 L、W、area；SCALM 影响 model 参数，如 tox、vto、tnom。

（3）注释语句

注释语句以"*"为首字符，位置是任意的，它为非执行语句。

12.6　仿真控制和收敛

Hspice 仿真过程采用 Newton-Raphson 算法，通过迭代解矩阵方程，使节点电压和支路电流满足 Kirchoff 定律。迭代算法计算不成功的节点，主要是因为计算时超过了 Hspice 限制的每种仿真迭代的总次数从而超过了迭代的限制，或是时间步长值小于 Hspice 允许的最小值。

（1）造成 Hspice 仿真不收敛主要有"No Convergence in DC Solution"和"Timestep too Small"，其可能的原因分析如下。

① 电路的拓扑结构。

电路拓扑结构造成仿真不收敛主要有：电路连线错误，scale、scalm 和 param 语句错误，其他错误可以通过查找列表文件中的 warning 和 errors 发现。

解决的方法是：将电路分成不同的小模块，分别进行仿真；简化输入源；调整二极管的寄生电阻；调整错误容差，重新设置 RELV，ABSV，RELI，ABSI，RELMOS，ABSMOS 等。

② 仿真模型。

由于所有的半导体器件模型都可能包含电感为零的区域，因此可能引起迭代的不收敛。

解决的方法是：在 PN 结或 MOS 的漏与源之间跨接一个小电阻；将 .option 中默认的 GMINDC、GMIN 增大。

③ 仿真器的 options 设置。

仿真错误容差决定了仿真的精度和速度，要了解所能接受的容差是多少。

解决的方法是：调整错误容差，重新设置 RELV，ABSV，RELI，ABSI，RELMOS，ABSMOS 等。

（2）针对仿真分析中可能出现的不收敛情况进行分析

① 直流工作点分析。

每种分析方式都以直流操作点分析开始，由于 Hspice 有很少的关于偏置点的信息，所以进行 DC OP 分析是很困难的，分析结果将输出到 .ic 文件中。

对 DC OP 分析不收敛的情况，解决方法是：删除 .option 语句中除 acct，list，node，post 之外的所有设置，采用默认设置，查找 .lis 文件中关于不收敛的原因；使用 .nodeset 和 .ic 语句自行设置部分工作点的偏置；DC OP 不收敛还有可能是由 model 引起的，如在亚阈值区模型出现电导为负的情况。

② 直流扫描分析。

在开始直流扫描分析之前，Hspice 先做 DC OP 计算，引起直流扫描分析不收敛的原因可能是快速的电压或电流变化，模型的不连续。

解决的方法是：对于电压或电流变化太快，通过增加 ITL2 来保证收敛，.option ITL2 是在直流扫描分析中在每一步允许迭代的次数，通过增加迭代次数，可以在电压或电流变化很快的点收敛。对于模型的不收敛,主要是由于 MOS 管线性区和饱和区之间的不连续,Newton-Raphson 算法在不连续点处进行选点计算产生振荡,可以通过增减仿真步长值或改变仿真初始值来保证收敛,如:. dc vin 0v 5v 0.1v 的直流分析不收敛,可以改为. dc vin 0v 5v 0.2v 增大步长值,. dc vin 0.01v 5.01v 0.1v 改变仿真的范围。

③ AC 频率分析。

由于 AC 扫描是进行频率分析,一旦有了 DC OP,AC 分析一般都会收敛,造成不收敛的原因主要是 DC OP 分析不收敛,解决的方法可以参看前面关于 DC OP 的分析。

④ 瞬态分析。

瞬态分析先进行直流工作点的计算,将计算结果作为瞬态分析在 T0 时刻的初始值,再通过 Newton-Raphson 算法进行迭代计算,在迭代计算过程中时间步长值是动态变化的,. tran tstep 中的步长值并不是仿真的步长值,只是打印输出仿真结果的时间间隔值,可以通过调整. options lvltim imax imin 来调整步长值。

瞬态分析不收敛主要是由于快速的电压变化和模型的不连续,对于快速的电压变化可以通过改变分析的步长值来保证收敛。对模型的不连续,可以通过设置 CAPOP 和 ACM 电容,对于给定的直流模型一般选择 CAPOP=4,ACM=3,对于 level49,ACM=0。对瞬态分析,默认采用 Trapezoidal 算法,精度比较高,但容易产生寄生振荡,采用 GEAR 算法作为滤波器可以滤去由于算法产生的振荡,具有更高的稳定性。

12.7　输入语句

对于. param 语句,. param PARHIER=GLOBAL 是默认的,使得参数可以按照 Top-Down 变化,. param PARHIER=LOCAL,可以使参数只在局部有效。

对于. measure 语句,可以采用的模式有 rise,fall,delay,average,rms,min,peak-to-peak,Find-When,微分和积分等。对 Find-When 语句,. measure < dc | tran | ac > result find val when out_val=val<optimization options>,对微分和积分语句,. measure < dc | tran | ac > result < deriv | integ > val <options>。

对于. ALTER 语句,可以通过改变. ALTER 来改变使用不同的库,其中. ALTER 语句可以包含 element 语句、. data、. lib、. dellib、. include、. model、. nodeset、. ic、. op、. options、. param、. temp、. tf、. dc、. ac 语句,不能包含. print、. plot、. graph 或其他 I/O 语句,同时应该避免在. ALTER 中增加分析语句。

12.8　统计分析仿真

主要是对器件和模型进行 Monte Carlo 分析,随机数的产生主要依赖 Gaussian、Uniform、Limit 分析,通过. param 设置分布类型,将 dc、ac、tran 设置为 Monte Carlo 分析,用. measure 输出分析结果,如:

. param tox=agauss(200,10,1)

. tran 20p 1n sweep MONTE=20

. model ⋯ tox=tox ⋯

其中,对 Gaussian 分析,. param ver＝gauss(nom_val,rel_variation,sigma,mult),

. param ver＝agauss(nom_val,abs_variation,sigma,mult),

对 Uniform 分析,. param ver＝unif(nom_val,rel_variation,mult),

. param ver＝aunif(nom_val,abs_variation,mult),

对 Limit 分析,. paramver＝limit(nom_val,abs_variation),如果拼错 Gauss 或 Uniform、Limit,不会产生警告,但将不产生分布。

12.9　Hspice 仿真示例

Hspice 可以执行各种模拟电路仿真,它的精度很高。通过点击桌面快捷方式 Hspice,启动 Hspice。

Hspice 模拟步骤如下:

① 由电路图提取网表或手工编写网表,注意网表文件以.sp 结尾。例如,电路网表文件为 eyediag. sp;标题为:* EyeDiagrams;输出报告文件:eyediag. lis。

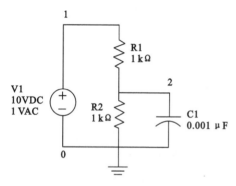

图 12-1　一个有 DC 和 AC 源的简单 RC 网络

② 运行模拟,完成后检查输出报告文件后缀. lis 文件,察看模拟结果。

③ 运行 AvanWaves,查看输出波形。

下面通过几个例子了解 Hspice 的网表文件格式,以及如何进行仿真。

（1）简单 RC 网络电路 AC 分析

如图 12-1 所示为一个有 DC 和 AC 源的简单 RC 网络。电路包含两个电阻,R1 和 R2,电容 C1 和电源 V1。节点 1 接在电源正端和 R1 之间。节点 2 处 R1、R2 和 C1 连在一起。Hspice 接地端总是节点 0。

它的网表文件如下,文件名为 quickAC. sp:

A SIMPLE AC RUN

. OPTIONS LIST NODE POST

. OP

. AC DEC 10 1K 1MEG

. PRINT AC V(1) V(2) I(R2) I(C1)

V1 1 0 10 AC 1

R1 1 2 1K

R2 2 0 1K

C1 2 0 .001U

. END

注释:

第一行 A SIMPLE AC RUN 为标题行。

第二行. OPTIONS LIST NODE POST 为可选项设置,其中,LIST 打印出元件总结列表;NODE 打印出元件节点表(element node table);POST 表示用何种格式储存模拟后的数据,以便与其他工具接口。

第三行.OP 计算直流工作点。

第四行.AC DEC 10 1K 1MEG(指从 1 kHz 到 1 MEGHz 范围,每个数量级取 10 点,交流小信号分析)。

第五行.PRINT AC V(1) V(2) I(R2) I(C1)打印交流分析类型的节点 1、2 的电压,以及 R2、C1 的电流。

第六行 V1 1 0 10 AC 1 表示节点 1 与 0 间,加直流电压 10 V 和幅值为 1 V 时的交流电压。

第七至九行为电路描述语句。

第十行为结束语句。

接下去的程序是执行此 RC 网络电路的 AC 分析,如下的新文件出现在运行目录下:

quickAC.ac0

quickAC.ic

quickAC.lis

quickAC.st0

使用一个编辑器去看.lis 和.st0 文件以检查仿真的结果和状态。

运行 AvantWaves 并且打开.sp 文件。从结果浏览器窗口中选择 quickAC.ac0 文件以观察波形。显示节点 2 的电压,在 x 轴使用一个对数刻度。图 12-2 显示了节点 2 输入频率自 1 kHz 至 1 MHz 变化时扫描响应所产生的波形。

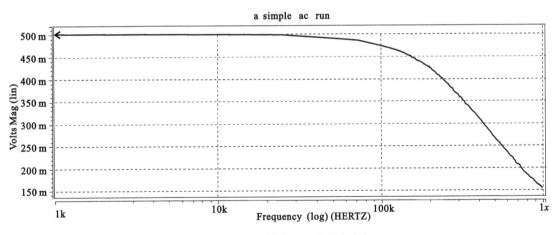

图 12-2　RC 网络节点 2 的频率响应

quickAC.lis 显示了输入网表,详细组成和拓扑图,工作点(operating point)信息和当输入至 1 kHz 至 1 MHz 变动时的请求表。quickAC.ic 和 quickAC.st0 分别包含一些直流工作点信息和 Star-Hspice 的运行状态信息。工作点情况可以用作后面的使用.LOAD 语句的仿真运行。

(2) RC 网络的瞬态分析

使用同一个 RC 网络运行瞬态分析,但是增加了一个脉冲源到 DC 和 AC 源。

① 输入如下相当的网表到一个名叫 quickTRAN.sp 的文件中。

A SIMPLE TRANSIENT RUN

```
.OPTIONS LIST NODE POST
.OP
.TRAN 10N 2U
.PRINT TRAN V(1) V(2) I(R2) I(C1)
V1 1 0 10 AC 1 PULSE 0 5 10N 20N 20N 500N 2U
R1 1 2 1k
R2 2 0 1k
C1 2 0 .001U
.END
```

注释:V1 源规范增加了一个脉冲源。

② 运行 Star-Hspice。

③ 使用编辑器去看.lis 文件和.st0 文件以检查仿真的结果和状态。

④ 运行 AvantWaves 并且打开.sp 文件。从结果浏览器窗口中选择 quickTRAN.tr0 文件以观察波形。在 x 轴显示节点 1 和 2 的电压。

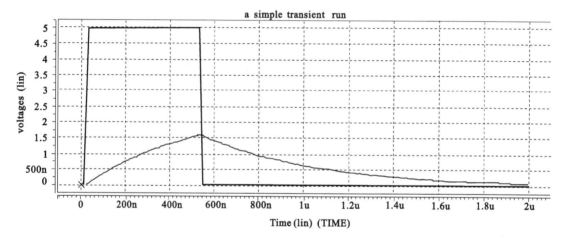

图 12-3　RC 网络节点 1 和节点 2 电压

（3）反相器电路示例

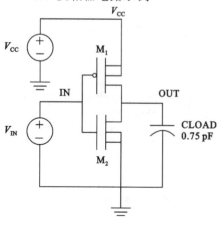

图 12-4　反相器电路

它的网表文件如下,文件名为 inv.sp:

```
Inverter Circuit
.OPTIONS LIST NODE POST
.TRAN 200P 20N
.PRINT TRAN V(IN) V(OUT)
M1 OUT IN VCC VCC PCH L=1U W=20U
M2 OUT IN 0 0 NCH L=1U W=20U
VCC VCC 0 5
VIN IN 0 0 PULSE .2 4.8 2N 1N 1N 5N 20N
CLOAD OUT 0 .75P
.MODEL PCH PMOS LEVEL=1
.MODEL NCH NMOS LEVEL=1
```

.END

注释:

第三行.TRAN 200P 20N 表示瞬态分析步长为 200 ps,时间为 20 ns。

第四行.PRINT TRAN V(IN) V(OUT)表示打印节点 in,out 电压瞬态分析值。

第五,六,九行为电路连接关系描述语句。

第七行 VCC VCC 0 5 表示在节点 VCC,0 之间加 5V 直流电压。

第八行 VIN IN 0 0 PULSE .2 4.8 2N 1N 1N 5N 20N 表示在节点 IN,0 之间加一个脉冲源,低电平 0.2 V,高电平 4.8 V,延时 2 ns,上升沿 1 ns,下降沿 1 ns,脉冲宽度 5 ns,周期 20 ns。

第九,十行为模型语句,表示模型名为 PCH,管子类型为 PMOS,使用的是一级模型。

对倒相器电路仿真的步骤类似于前面,这里仅列出输出波形(图 12-5)供参考。

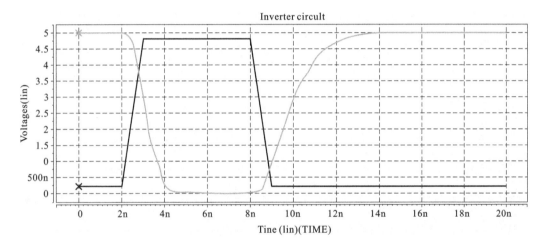

图 12-5　对倒相器电路仿真的输出波形

(4) D 触发器电路示例

网表文件如下,文件名为 dff.sp(无模型支持,仅供参考):

```
* Project DFF
. OPTIONS LIST NODE POST
. include "e:\ model\35model. txt"
* Definition for project INVERTER
. SUBCKT INVERTER IN OUT
M2 OUT IN 0 0 NSS L=0.35U W=1.2U
M1 VDD IN OUT VDD PSS L=0.35 UW=2.4U
* CROSS-REFERENCE 1
* GND = 0
. ENDS
* Definition for project TRANSFER
. SUBCKT TRANSFER IN OUT CLKF CLK
```

M1 OUT CLK F IN VDD PSS L=0.35U W=1.2U

M2 IN CLK OUT 0 NSS L=0.35U W=1.2U

＊CROSS-REFERENCE 1

＊GND = 0

. ENDS

X1I1 N1N19 N1N21 INVERTER

X1I2 N1N21 N1N16 CLK N1N10 TRANSFER

X1I3 N1N16 N1N19 INVERTER

X1I4 CLK N1N10 INVERTER

X1I5 Q N1N29 INVERTER

X1I6 QF Q INVERTER

X1I7 N1N29 QF N1N10 CLK TRANSFER

X1I8 D N1N16 N1N10 CLK TRANSFER

X1I9 N1N19 QF CLK N1N10 TRANSFER

＊DICTIONARY 1

＊GND = 0

. GLOBAL VDD

vin D 0 PULSE . 2 2.8V 2n 1n 1n 20n 50n

vdd VDD 0 3v

Vclk clk 0 0 PULSE . 2 2.8v 2N 1N 1N 5N 20N

. tran 1ns 200n

. END

注释：

① . OPTIONS LIST NODE POST 为可选项设置。

② . include "e:\model\35model. txt"表示加入 0.35um 工艺库文件,注意一定要指定工艺库文件,否则 Hspice 无法仿真。另外,库路径一定要指定正确,否则会找不到库文件。

③ vin D 0 PULSE . 2 2.8v 2N 1N 1N 20N 50N

vdd VDD 0 3v

Vclk clk 0 0 PULSE . 2 2.8v 2N 1N 1N 5N 20N

上述为加入的输入激励和电压源语句。

④ . tran 1ns 200n。

指定瞬态分析 200 ns,分析步长 1 ns。

运行 Hspice 仿真。

12.10 Hspice 做电路仿真时容易出现的错误

① Hspice 网表中第一行必须是注释行,在网表文件中的第一行会被 Hspice 忽略。

② 1 兆欧一定要写成 1MEGΩ,而不是 1M、1m 或 1MEG(数字和 MEG 之间不要有空格)。

③ 1 法拉应写成 1,而不是 1f 或者 1F。1F 表示 10～15 法拉。

④ MOSFET 源区和漏区的面积在大多数情况下写成 pm2 的形式。宽长分别为 $6\mu m$ 和 $8\mu m$ 的区域的面积应写为 48pm2 或者 4E-12。

⑤ 电压源的名字以字母 V 开头,电流源的名字以字母 I 开头。

⑥ 瞬态分析结果是以时间为轴,即 X 轴为时间。如果本来是正弦波,看着却像三角波,或者曲线看着不平滑。这是因为没有设置好打印数据点的数目,或者给出的打印步长太大了。例如,想在 SPICE 中得到一个 1kHz 的正弦波形,最大打印步长应该设为 10u(10 微秒)。

⑦ 当显示 AC 仿真结果时,X 轴是频率,指针显示的是电压(或电流)的幅值或相位。例如,指针显示"voltage drop at a node"时,它会把此节点电压的实部和虚部加起来,显示一个毫无意义的结果。不同仿真软件的指针的作用也不同。有些仿真软件的功能很强大,可以在完成 AC 仿真后进入幅度模式。

⑧ MOSFET 的长和宽应使用字母"u"来代表微米。常见的错误是忘记写这个字母。例如,一种工艺允许的 MOSFET 最小尺寸为 L=2u,W=3u,而不是 L=2,W=3。或者意味着一个 2 米长、3 米宽的 MOSFET。

⑨ 通常 PMOS 管的"体"接到 VDD,NMOS 管的"体"接到 VSS。例如,N 阱工艺,所有的 NMOS 管的"体"必须接到 VSS。这个错误在 SPICE 网表中很容易查出。

⑩ DC 扫描中的收敛问题可以通过改变电压的边界值来解决。例如,电路从 0 到 5V 进行扫描可能不收敛,但是从 0.1V 到 4.9V 进行扫描就可能会收敛。

参 考 文 献

［1］ 余宁梅,杨媛,潘银松.半导体集成电路.北京:科学出版社,2011.

［2］ 王卫东.现代模拟集成电路原理及应用.北京:电子工业出版社,2008.

［3］ 董在望,李冬梅,王志华,等.高等模拟集成电路.北京:清华大学出版社,2006.

［4］ 吴运昌.模拟集成电路原理与应用.广州:华南理工大学出版社,1995.

［5］ 赵玉山,周跃庆,王萍.电流模式电子电路.天津:天津科学技术出版社,2001.

［6］ Toumazou C,Lidgey F J,Haigh D G.模拟集成电路设计——电流模法.姚玉洁,冯军,尹洪,等,译.北京:高等教育出版社,1996.

［7］ 曹新亮.CMOS 环形振荡器稳频电路与频漂抑制相关问题研究.西安:西安理工大学,2010.

［8］ 罗广孝.CMOS 模拟集成电路设计与仿真.北京:华北电力大学,2007.